【中华国学经典精粹】

处世悬镜

[南北朝] 傅昭 著 张伊宁 编

北京联合出版公司
Beijing United Publishing Co.,Ltd

图书在版编目(CIP)数据

处世悬镜 /(南北朝)傅昭著; 张伊宁编. —北京:
北京联合出版公司, 2016.11(2023.3 重印)
(中华国学经典精粹)
ISBN 978-7-5502-9144-7

Ⅰ.①处… Ⅱ.①傅… ②张… Ⅲ.①人生哲学—中国—南朝时代②《处世悬镜》—通俗读物 Ⅳ.①B825-49

中国版本图书馆CIP数据核字(2016)第280234号

处世悬镜

作　　者: 傅　昭
选题策划: 宿春礼
责任编辑: 丰雪飞
封面设计: 新纪元工作室
版式设计: 新纪元工作室
责任校对: 付玮婷

北京联合出版公司出版
(北京市西城区德外大街83号楼9层　100088)
三河市冀华印务有限公司　新华书店经销
字数: 130千字　787毫米×1092毫米　1/32　5印张
2017年1月第1版　2023年3月第6次印刷
ISBN 978-7-5502-9144-7
定价: 12.00元

前言

人生百态，世情万般，常常令人或惊或恐，忽喜忽悲，辗转流连，唏嘘叹惋。有心之人将所见所闻或亲身经历蕴化于心、倾注笔端，方成一本可以娱人警世的处世佳作。

中国古代关于处世学的论述最早可追溯至诸子百家时期，到明清时期才有专门的著作问世。在当代，处世学经常以“读心术”“韬略”等显学面目示人，也因其“术”的层面被过分夸大，常常令普通大众误解，许多人甚至将它视为一门专门操纵人心的学问。

实际上，处世学这门学问可深可浅，贯通古今，多数可作为经典传世的处世学著作的精神内核须臾不离正道，多劝诫人以修身为本，教人看透世相百态中恒久不变的道之所在。

《处世悬镜》，正是其中较有代表性的一本关于修身和处世的古书。

《处世悬镜》的作者为南北朝时期的傅昭。傅昭，字茂远，六岁时，其父因受大案牵连而被杀，傅昭的内心深受震动，从此养成内敛寡言的性格，也逐渐练就一双洞察世事的慧眼。他之所以能成为乱世中传奇般得以善终的士人之一，与他一生潜心研究处世修身之学是分不开的。

“识”“行”“止”“藏”“忍”“信”“曲”“厚”“舍”，

这是傅昭晚年基于阅历提炼而出的“九字箴言”。其中每一字都蕴含着深刻含义，世人能做到十中之六七，就已经非常难得。

《处世悬镜》全书体例也基本按照这九字箴言编撰而成，其中识之卷论述学识和胆略的关系，推崇有勇有谋、内外兼修；行之卷鼓励人在有识的前提下保持自信、勤勉和持之以恒的精神品质；止之卷劝人看清事物发展形势和自身所处环境，做到安、徐、正、静；藏之卷让人保持谦卑，对身上的锋芒有所收敛；忍之卷教人懂得忍耐，积淀自身实力，待时而动；信之卷强调以信服人，推崇拙诚的智慧；曲之卷劝人像流水一样随圆就方，能屈能伸，如此才能成就大业；厚之卷旨在去除私心，以仁爱之心赢得人心；舍之卷让人懂得割舍，以退为进，以舍为得。

本书体例分为原文、译文和点评三个板块，其中原文和译文以《谋略十一经》中的《处世悬镜》为底本，参考其他版本加以校正。点评部分多精选中国古代经典故事，夹叙夹议，对原文中的道理进一步阐发，方便读者对原文更为深入地理解。另附“处世七书”中《权谋残卷》《守弱学》《止学》《度心术》《韬晦术》《荣枯鉴》等六本的原文部分。

《处世悬镜》虽为古书，但字字珠玑，在当今纷繁复杂的社会中仍有重要意义。其中有些为人处世之道，已在时间的检验中成为颠扑不破的真理，是一本值得反复阅读的处世真经。

目 录

识之卷一 ……………………………001

行之卷二……………………………………021

止之卷三……………………………………035

藏之卷四……………………………………047

忍之卷五……………………………………066

信之卷六……………………………………080

曲之卷七……………………………………093

厚之卷八……………………………………107

舍之卷九……………………………………113

附录

权谋残卷　张居正……………123

守弱学　杜预……………132

止学　文中子……………135

度心术　李义府……………139

韬晦术　杨慎……………144

荣枯鉴　冯道……………150

识之卷一

本卷主要论述学识和胆略的关系以及辨识人才的方法，强调“有胆无识，匹夫之勇；有胆有识，大业可成”。要人明白，世上最为浅显的道理，就是最为高深的道理，能够化繁为简、以弱胜强的人，才是真正的智者。

【原文】

天地载道，道存则万物生，道失则万物灭。

天道之数，至则反，盛则衰。炎炎之火，天期近矣。

自知者智，自胜者勇，自暴者贱，自强者成。

【译文】

天地万物都被道所承载着，道存在万物就能够生存，道失去万物就会灭亡。

道的运行规律，是事物发展到顶点就会向反方向发展，过于兴盛就会走向衰败。天热得有如熊熊燃烧的火焰时，这样的天气也就接近结束了。

能够明晰自己的优势劣势的人有智慧，能战胜自己的人是真正勇敢的人，粗暴对待自己的人作践自己，奋发图强的人能够成就自己。

【点评】

颜真卿《劝学诗》中有这样一句话："三更灯火五更鸡，正是男儿读书时。黑发不知勤学早，白首方悔读书迟。"年轻的时候不努力奋斗，不去学一身本领，成就一番事业，到一头白发的时候再去努力学习，纵使悲伤难过，也是徒劳无益。这告诫我们应该珍惜现在的大好时光。

古往今来，许许多多人在他们白发苍苍的时候，读到这首诗，都会抚往追昔，感叹自己逝去的蹉跎岁月。如果时光可以倒流，他们肯定会珍惜时间。"黑发"是人一生中最得意、最宝贵的时期，正是在这从年少到成年的短短三十年中，我们思维敏捷，激情澎湃，体力充沛，想象力丰富，勇于冒险，可谓是"敢想敢作敢为"的大好年华。遍观历史上有大作为的人，他们不管是在学业上的追求还是在事业上的成功，大抵都是在"黑发"时期实现的。一个人如果没有好好地利用这段宝贵的时间，实现自己的"理想壮志"，或者为实现自己的"理想壮志"打下坚实的基础，他这一辈子便很难有所作为了。因为到了"白发"时期，即使你还有少年时的激情、勇气和信心，也可能力不从心了。珍惜时间莫浪费，人生能有几个三十年？能有几度青春可以任我们虚度？古代贤哲孔子说过："四十、五十而无闻焉，斯亦不足畏也已。"他的意思是说，如果人走到四十岁，至多五十岁，还没有做出一番事业，他这一辈子也不可能再有什么更好的突破了。宋代名将岳飞在他的名作《满江红》里表达了他对人生的态度：

“三十功名尘与土，八千里路云和月。莫等闲、白了少年头，空悲切。”他以自己短暂而荣耀的一生，对后人给予了莫大鼓舞。

再看这首《明日歌》：“明日复明日，明日何其多，我生待明日，万事成蹉跎！世人若被明日累，春去秋来老将至，朝看水东流，暮看日西坠，百年明日能几何？”这首诗歌让我们明白：不要逃避今日，把万事都推到明日去做，而让无数个今日白白浪费掉。耳边似乎传来“寒号鸟”在寒冷冬夜的微弱叫声：“寒风冻死我，明日就垒窝”。

所谓天才，就是努力的力量。没有加倍的勤奋，就没有才能，也没有天才。

有句老话叫“天道酬勤”，也就是说天意总是厚报那些勤劳、勤奋的人。

迷信天意固然是虚幻的，但只要你付出了努力，你的一生就一定会向积极的方向转变。相信“功夫不负有心人”的真理，不投机不取巧，踏踏实实做人做事，你就一定能够成功。这个世界上，并没有真正的天才，有的只是一种天分，如果只依靠天分，就会越来越怠惰，越来越消沉，直至天分耗尽，最终一事无成。

从某种意义上讲，推动世界前进的人也并不是那些所谓的天才，而是那些非常勤奋、埋头苦干的人，是那些不论在哪一个行业都勤勤恳恳、劳作不息的人。勤奋能够将天分变为天才，只有勤奋，才能让人永远追求进步，永不停歇。

人的一生是短暂的。一个人在短暂的一生中真正要成就一番事业，就一定要勤奋。大凡事业有成者，无一不是对事业勤奋而执着的人。

勤奋出才能，勤奋出成果，勤奋是成功的支点。大千世界，五彩缤纷，人们很容易左顾右盼、见异思迁，但天才和灵感的女神往往只钟爱不畏辛劳、甘洒血汗的勤奋者。我们应该看到，“勤”和“苦”总是紧密相连、如影随形。一切天才的机遇和灵感，从来都是以勤奋为前提的。勤奋不仅意味着吃苦与实干，而且必须持之以恒，百折不挠，才有可能叩开成功的大门。我国国画大师齐白石，年轻时就坚持每日作画，除身体不适和心情不好的几日外，无一日不动笔，也正是这锲而不舍的勤奋，最终使他誉满世界。著名数学家陈景润，在六平方米的住处终日辛劳，奋战十年，在数学王国里做出了杰出贡献。勤奋便是他们成功最大的秘诀。实际上，“业精于勤”“勤能补拙”，其中的道理对任何人都适用。

有人说世界上能登上金字塔的生物有两种：一种是鹰，一种是蜗牛。天资奇佳的鹰和资质平庸的蜗牛能登上塔尖，极目四望，俯视万里，都离不开两个字——勤奋。

一个人的进取和成才，环境、机遇、天赋、学识等因素固然重要，但更重要的还是自身的勤奋与努力。缺少勤奋的精神，哪怕是天资奇佳的雄鹰也只能空振双翅，望塔兴叹；有了勤奋的精神，哪怕是行动迟缓的蜗牛也能雄踞塔顶。

有一分劳动就有一分收获，“天才出于勤奋”是一条不灭的真理。

【原文】

不矜细行，终毁大德。

夫用人之道，疑则生怨，信则共举。

有胆无识，匹夫之勇；有识无胆，述而无功；有胆有识，大业可成。

【译文】

在细节方面不加以注意的人，最终会毁掉自己的德行。

但凡用人之道，对别人心生怀疑就会招来怨恨，信任别人事情就能办好。

只有胆量却没有远见卓识，不过是逞匹夫之勇；只有学识没有胆量，只能夸夸其谈却没有任何作为；只有有勇有谋的人，才能成就大业。

【点评】

生活中，许多微不足道的小事，往往暗含着巨大的作用，并能够决定你日后的祸福成败。正所谓“一着不慎，满盘皆输”，我们要对此多加重视。

东汉和帝即位时期，窦太后专权，其兄窦宪官至大将军，窦家兄弟也都成了文武大官，窦家不仅掌握了国家军政大权，其家族也在民间霸道横行。朝中不少大臣都为这种局面担忧，当时担任司徒的大臣丁鸿亦是其中之一。

当时天上正好发生日食，丁鸿借此机会向和帝密奏：“太阳是君主的象征，月光象征臣子，日食的出现，正是臣子侵占王权的征兆。据历史记载，在三十六次日食记载的年份，君主被臣子杀掉的有三十二人，这都是因为臣子的权势太大啊！”

他借机历数窦氏的种种专权行为，接着道：“日食出现，就是上天在告诫我们要注意危及国家的灾祸。涓涓细流能够穿破岩石，微小幼芽能够长成参天大树，同样微小的苗头也会招致大的祸患。如果陛下能够亲自处理朝政，在祸患萌芽的时候就斩草除根，就能保证汉室王朝的安定。”

汉和帝采纳了丁鸿的建议，革除窦宪的官职，剪除窦氏家族的势力，朝野状况大为改观，成语“防微杜渐”也由此而来。

人在江湖，一定不要忽略生活中的小事小节，要能够洞析小事背后所蕴藏的巨大玄机。

【原文】

柔舌存而坚齿亡，何也？以柔制胜。

见一落叶，而知秋临；睹洼中之冰，而晓天寒。

用人者，取人之长，避人之短；教人者，成人之长，去人之短也。

【译文】

舌头柔软能够一直得以保存，而看似坚固的牙齿却早早脱落，这是为什么呢？因为柔弱的事物能够战胜刚强的事物。

见到一片落叶，就能够推知秋天临近；见到低洼地方的水结成的冰，就明白冬天来临。

选用人才，要发挥他的长处，避开他的短处；在教导别人的方式上，要善于帮助别人发展优势、去除别人的弱点。

【点评】

得民心者得天下。古今中外，凡是有所作为的人，无不深谙团结人心之道。只有得到了人心，才能充分地借助人势，赢得最好的机会，成就一番大业。

在遇到棘手的事情时，有智慧的人知道赢得人心才是上策，他们会及时做出正确决定，想出对策团结人心，达到以柔克刚的目的；而愚蠢的人只会一味地使用蛮力来针锋相对，结果反而越来越糟，甚至激化原有矛盾，造成更大的问题。

懂得适时柔软、知进退，这是心有丘壑的人运筹帷幄的王牌，也是人们立身处世、游刃有余的精妙之所在。

皇太极在对明朝作战中，实行满汉联盟和优待俘虏的政策，对投降后又叛变的明朝官员也不用武力野蛮残杀，而是宽待他们。

清军擒获明朝将领洪承畴时，由于洪承畴心中感念明帝的知遇之恩，誓死不降，而且整天像疯子一样对清军破口大骂。许多清军将领奉命前去劝降，都碰了钉子，还遭到洪承畴的羞辱。皇太极听了之后，一点儿也不生气，依旧给他很多赏赐，用好酒好饭招待他。

有一次，皇太极到洪承畴的住所看他，发现他穿得很少，就把自己身上的貂裘衣服脱下来给他披上。洪承畴大为感动。此外，皇太极还让自己的宠妃去劝降他。

皇太极不愧是一代英主，称得上是“上智”之人。他对待原本坚强不屈、宁死不降的洪承畴，并没有采取任何武力措施逼迫，而是利用种种体贴爱护的行为去感化他，让他最终心甘情愿地为自己效力。

【原文】

岁寒乃见松柏本色，事险方显朋友伪贤。

天地赋命，生必有死；草木春秋，亦枯亦荣。

智莫难于知人，痛莫苦于去私。

【译文】

天气寒冷的时候，才能体现出松树、柏树不畏惧严寒的刚强本色，行事到达万分艰险的地步，才能分辨哪些是真心朋友，哪些只是酒肉朋友。

天地赋予万物生命，有出生就一定会有死亡；草木到了春天就会生长，到了秋天就会枯萎。

没有比了解一个人更难的智慧，没有比远离私心更大的痛苦。

【点评】

中国有一句老话：“害人之心不可有，防人之心不可无。”这句话告诉我们无论在生活中，还是在工作中，我们虽然不能有害人之心，但是一定要有防人之心。

所谓“防人”，就是凡事要多一个心眼，采取必要的防卫手段，让人无法加害自己。

我们之所以要防人，是因为在这个世界上有小人存在，他们太过卑鄙无耻，常常会出其不意地做一些损人利己的事。这就要求我们对这些人时刻保持警惕。

“害人之心不可有，防人之心不可无”也是中国的一句古话，它看似是一种明哲保身的处世态度，实则是一种生活的大智慧。当现实的无奈与人们心中完美的理想发生碰撞时，只有这种中庸之道才是最好的处世原则。

前秦的皇帝苻坚对人非常善良，他的心胸极为宽广，他对投降和被俘的人，从不乱杀，很少猜疑，对有的人甚至还委以重任。

当时，鲜卑亲王慕容垂投靠他，苻坚毫不设防，盛情相待，像亲兄弟一样信任他。有的大臣认为慕容垂并不可靠，于是劝谏苻坚说：“皇上心地善良，好行善事，但也不能滥施仁义，轻易地相信他人。我看慕容垂面露奸诈，不是忠厚的人，他只是走投无路才投靠皇上的，对他应当警惕啊。”

苻坚平日里最恨那些无情无义的人，他认为这是大臣嫉妒慕容垂，于是对大臣说：“慕容垂是非常难得的人才，他能投靠我，正是因为他相信我。我善待他是应该的，否则，天下的能人志士一定会说我没有容人的气度，这非常有损我的声名！”

苻坚伐晋失败后，前秦民心浮动，形势十分不稳。这个时候，一直心怀鬼胎的慕容垂以安抚百姓为名，脱离了苻坚，并号召前燕帝国的鲜卑遗民复国，即后燕帝国。

羌部落首长叫作姚苌，苻坚在做亲王时曾经救过他一命。当时，姚苌犯的罪名应当斩首，在押赴刑场时，苻坚见他英武不凡，于是善心大作，当场将他赦免。后来，苻坚做了皇帝，对姚苌更加器重，和他无话不谈，甚至给了他非常大的权力。

许多人都认为姚苌是一个小人，有的还揭发他说："姚苌身为羌人，却时刻想要自立为王，他一直在暗中联络羌人，不停地招兵买马，这都是他有野心的明证。皇上如果对他过于宽厚，就是为自己埋下祸患。"

然而，苻坚不听良言。他还曾得意地说："我只担心自己的善行不多，从不相信这样做有什么坏处。因此，谁也不能阻止我行善。"

然而，姚苌也叛变了——建立了后秦帝国。慕容垂和姚苌的反叛，给了苻坚致命一击，前秦也很快瓦解。更惨的是，苻坚成了姚苌的俘虏，姚苌不但不感念旧情，反而把他活活勒死。苻坚的悲剧证明，只知行善的好处，却不知对恶人行善的坏处，只会落得竹篮打水一场空。

无论何时，总有一部分人在努力以推动社会进步，也总有一部分成为社会的害群之马。如果一个人对后者不能及时地加以防范，就可能被他们利用、伤害、控制，这样就可能导致他们无法获得良好的生活，甚至是生存状态。

因此，在现实生活中，我们与人打交道时应该要谨慎小心，以免造成不必要的伤害。

春秋战国时期，有一个叫作易牙的小人。他在未得到皇帝的宠信之前，一次偶然听到齐桓公随便问仆人人肉是什么味道，为了表示自己的忠心，便将自己的小儿子烹了，然后献给齐桓公品尝，由此他得到了齐桓公的宠信。但到了齐桓公晚年病重时，易牙勾结一些奸人臣子趁机作乱，齐桓公被锁进深宫，最后被活活饿死。

齐桓公之所以惨死，就是因为他太宠信易牙，对他没有防备之心。俗话说："人无害虎心，虎有伤人意。"所以我们在堂堂正正做人的同时，还要多点防人之心，以免自己吃亏。

潭水虽然波平如镜，但很可能深不可测；有人外貌虽然忠厚善良，也许内心却极富心机。所以说看人如果只看表面的话，有时难免就会吃亏上当。也许是因为"画虎画皮难画骨，知人知面不知心"，许多吃过亏的人，常常感叹世道之艰险、人心之叵测。因此，古人在劝喻世人"害人之心不可有"的同时，又告诫人们"防人之意不可无"。

世界在善良人的眼中，固然是美好的，但实际上它并不像理想中的那样完美，它充满了善恶美丑。如果想在社会中生存，就要学会辨别并加强防范。

一般人都不大喜欢心眼太多的人。然而，在现实社会里，心眼多的人和善于欺骗、内心狡诈的人还是有区别的。大到国家之间的争端，小到人与人之间的利害关系，处处都需要谋略意识，但却不需要用欺骗的手段昧良心做事。因此，两者的区分关系是：心眼多的人未必狡诈善欺，但狡诈的人一定心眼非常多，满肚子坏水。

人生就像是一场战争。在这场战争中，人们为了求得生存，必须要有谨慎的生活方式和态度，这样才不至于上当、吃亏。我们并不需要去欺骗别人，但是，社会鱼龙混杂，陷阱、圈套在任何地方都有可能存在，这就要求我们一定要小心提防。

【原文】

君子之生于世也，为其所可为，不为其所不可为。

胆劲心方，虽弱亦强。

以势友者，势倾则断；以利友者，利穷则散。

【译文】

君子生活在世界上，做他们能够做到的、合乎法度道义的事情，不做不能做到的、偏离正路的事情。

胆略超出常人，并且在心智上刚正不阿的人，即使现在处于弱势地位，也能在不远的将来变得强大。

因为对方有势力而结交的朋友，一旦对方失势，友谊也就因而断绝；因为对方在利益上能够帮到自己而结交的朋友，一旦利益失去，情谊也会随风飘散。

【点评】

世事沧桑，人生多变，起起伏伏，实难预料。昨天的权贵，很可能今天成了平民；巨富大款，一夜之间也可能一贫如洗……在商品社会，这种现象并不罕见。落魄者的情况各不相同，有的是政治原因，有的是思想品德所致，还有的是工作失意。不管是主观原因还是客观原因，对落魄者来说，面对身份地位突如其来的剧烈变化，很多人会自惭形秽，觉得没脸见人，也有的人因此而变得更加敏感，对他人的态度往往异常关注。

春秋时期，齐国管仲和鲍叔牙交好。管仲年少时家里很穷，又有老母需要赡养，鲍叔牙得知后就找管仲一起做生意。鲍叔牙总是多出本钱少分利，结果鲍叔牙的仆人都开始替主人打抱不平，说了几句管仲的坏话，鲍叔牙正色提醒他不准这么说。两人一起出外打仗，进攻的时候管仲总在最后，却总是第一个撤退，别人都说管仲贪生怕死，鲍叔牙却站出来为他辩解，说他家中尚有老母需要照顾，不能随便丢掉性命。管仲因辅佐的公子纠在政治斗争中失利被俘，鲍叔牙却在这场政治斗争中成为胜利一方被委以重任，然而他最后却让出官位，向君王推荐管仲的才干，自己甘愿做他的手下。管仲不由得连声赞叹："生养我的是父母，可最了解我的人却是鲍叔牙呀！"

管仲和鲍叔牙患难见真情的友谊被世代传颂，成语"管鲍之交"也由此得来。

每个人的一生都不是一帆风顺的，总有落魄的时候，而这恰好也是对周围人，特别是对朋友的一次考验。有的人可能从此陌路，而同情、帮助其渡过难关的，可能因此成为世交。所谓莫逆之交、患难朋友，往往就是在困难的时候体现的。这时形成的友谊也是最有价值、最令人珍视的。

【原文】

谄谀逢迎之辈，君子鄙之。何以货利而少舛？上之需也。

纲举目张，执本末从。天下皆知取之为取，而莫知与之为取。

【译文】

喜欢阿谀奉承的人，君子是看不起他们的。但为什么这些人会因为使用一些利益和财物而左右逢源，减少自己在路上的艰辛呢？这是因为这些是人人都需要的。

抓住串网的总绳，网就能自然张开，抓住事物的根本，细枝末节的问题就会自然顺从了。天下的人都知道从他人那里拿到东西是“取得”，但却很少有人知道，将东西给予他人也是一种“取得”。

【点评】

人人都有趋利的本性，你多给别人一点，让别人得利，就能获得他的好感，使他最大限度地调动积极性，反过来促使你的事业越来越兴旺。

做人和经商一样，宁可多一个朋友，也不多一个敌人。懂得给予别人一些好处，为自己收获人心，博得好人缘，这样在以后路途不顺时，也不会遭到别人的落井下石，运气好还可能获得意想不到的帮助。

孟尝君食客三千，美名播于天下，冯谖是其门下一个普通的食客。

一次，冯谖到孟尝君的封地薛收债。

他临行时问孟尝君："收完债买些什么回来呢？"

孟尝君很随意地说："你看我家缺少什么就买什么吧！"

到了薛地，冯谖不但没有催逼百姓还债，还以孟尝君的名义把带来的债券全烧了。老百姓无不对孟尝君感恩戴德。

冯谖空手而回，他回复孟尝君为其买了"义"。孟尝君虽很不满，但碍于面子也不好说什么。其后，孟尝君被谗免官，只好回到封地薛。薛地百姓扶老携幼来迎，孟尝君这才领悟到冯谖的深谋远虑。

冯谖又对孟尝君说："狡兔有三窟，主公您才有这一窟，还不能高枕无忧，我得再为您准备两个窟。"

冯谖去魏国游说，对魏惠王说齐国之所以能称雄于天下，都是孟尝君的辅佐之功，现在孟尝君因谗言遭放逐，必然对齐王不满。谁先得到他，谁就能国富兵强，称霸天下。当时孟尝君在列国中威望很高，魏惠王立即空出相位，遣使者带千金、车百乘，前往聘请孟尝君为相。

魏国使者来回跑了三趟，孟尝君依冯谖之谋坚决推辞。齐闵王听说了这件事，害怕孟尝君为他国所用对自己不利，又急忙卑辞厚礼请回孟尝君。

冯谖又给他出主意说，得让齐闵王以先王传下来的祭器在薛城建立宗庙，这样可以使孟尝君的政治地位更加巩固。宗庙修成后，冯谖对孟尝君说：三个窟都建好了，你可以高枕无忧了。本来落魄的孟尝君，最后因冯谖的谋略，政治地位变得更加稳固。

冯谖通过焚券市义，为孟尝君争取了民心；为提升孟尝君的地位，说服魏国礼聘孟尝君，迫使齐王恢复孟尝君的相位；想方设法在薛建立宗庙，进一步巩固孟尝君的政治地位。冯谖运用自己的远见卓识和政治谋略，为孟尝君构筑了“三窟”，手段可谓非常高明。他的这种深谋远虑，虽然是出于政治斗争的需要，但根本原因还在于“兔子”——孟尝君。相对于齐王而言，每个人都是弱势的，面对种种可能的危险，与人便利、互惠合作才是最根本的生存之道。

学会适时适当地给予，就是为自己在危难来临时留下一条后路，让自己有机会化险为夷。

【原文】

金玉满堂，久而不知其贵；兰蕙满庭，久而不闻其香。故鲜生喜，熟生厌也，君子戒之。

【译文】

金石美玉装满整个精心布置的堂屋，时间长了就不觉得它们有多么珍贵了；兰花蕙草长满庭院，闻久了也就闻不到花香了。所以，新鲜的东西让人心生欢喜，熟悉的东西让人心生厌恶，君子应该引以为戒。

【点评】

刘邦平定天下做了皇帝以后，把秦朝的礼仪废除，力求简易。当时大臣们在朝堂上经常做出失礼的行为，饮酒争论，醉后喧哗，甚至拔剑击柱，全然没有礼法。汉高祖对这种情况渐渐感到不满，叔孙通向汉高祖建议制定宫廷礼仪，得到汉高祖的同意。叔孙通是秦朝博士，他到鲁国故地征召约三十名儒生到长安，协助制定并演习宫廷礼仪。一个多月后，叔孙通邀请汉高祖观礼。

天亮时，由谒者掌礼，来访者依次进入殿门。宫中设有车骑、步卒守卫，以及兵器、旗帜等。功臣、列侯、将军及其他军官在西列队，向东而立；文官自丞相以下在东列队，向西而立。大行依爵位高低宣示来宾上殿。于是皇帝乘辇出房，百官手执帜而传警，引诸侯王以下至领六百石薪金的吏员依次奉贺。这时，自诸侯王以下，各人无不肃然起敬。礼成后开始酒会，宫内侍从坐在殿上，全部伏下，以来宾尊卑依次敬酒。九觞酒后，谒者宣布罢酒。御史在场内执法，见到不依礼仪的人便立刻把他带走。整个酒会过程中都没有人敢喧哗失礼。

汉高祖对是次朝会非常满意，高兴地说："我今日方知皇帝之尊贵！"他委任叔孙通为太常，并赏赐黄金五百斤。随叔孙通入京的儒生获汉高祖封为郎，叔孙通把赏赐所得全数分赠随行的儒生。

打天下时，彼此不分你我，一起吃肉喝酒。坐天下时，君臣的名分也就出来了。之所以设烦琐的宫廷礼仪，其目的就是将皇帝推崇到至高无上的地位，拉开与昔日朋友、今日臣子的距离，增加天子的神秘感，这对管理是大有好处的。

作为领导，和下属保持距离是必要的。毕竟现实中的每个人，都是戴着一张面具的，每张面具背后究竟隐藏着什么样的表情，谁也琢磨不透。但是，面具的功能无非是两种：隐藏和欺骗。同时，因为领导所处的位置，是现实社会竞争的焦点，在一个竞争求生存的社会中，要生存必须先保护自己，而不懂隐藏就难以识破骗局，无法在竞争中取胜，更别谈保护自己。

【原文】

谦谦君子，卑以自牧；伐矜好专，举事之祸也。一贵一贱，乃知世态；一死一生，乃知交情。纵欲者，众恶之本；寡欲者，众善之基。

【译文】

那些有修养的君子，总是用谦卑的态度来达到自己的追求目标；自大自夸、喜好独断专行是会招来祸患的。一朝富贵，一朝贫贱，经历过这两者的人才能切实地了解什么叫作世态炎凉；在生死线中穿过的人，才能了解亲人、友人的交情深浅。放纵自己的欲望，是所有邪恶产生的根本；清心寡欲，是所有善良的基础。

【点评】

世界上没有十全十美的人，我们每个人都应该正确地认识自己，不但要认识自己的优势和长处，更要了解自己的劣势和短处。俗话说：谦虚使人进步，骄傲使人落后。保持谦虚的人常常能够获得成功，而骄傲的人总是会因为自己的自负而酿成苦果。

谦虚是成功者的秘诀，更是成功者的美好品质。即使你的学习成绩很好，工作业绩很优秀，你也应该保持谦逊低调的姿态。每个人都有其自身的弱点，再聪明的人也不例外；再愚笨的人，也会有我们需要学习的地方。因此每个人都应该存有一颗低调谦虚的心，只有谦虚的人才会不断进步、努力，并以此来提高自己。

梅兰芳是我国著名的京剧大师，他不仅在京剧艺术上有很深的造诣，而且还是绘画高手。他曾经拜名画家齐白石为师，每次登门都礼数有加，虚心求教，还经常为齐白石磨墨铺纸，完全不自恃京剧界的地位而骄傲。

有一次，齐白石和梅兰芳一同到一个朋友家做客。齐白石先到了，他穿的是布衣布鞋，而其他宾朋则是西装革履或长袍马褂，因此齐白石显得有些寒酸，不引人注意。过了一会儿，梅兰芳也到了，主人非常高兴地出门相迎，其余宾客也都蜂拥而上，一一同他握手。梅兰芳知道齐白石也来赴宴，便四下环顾，寻找他的老师。忽然，他看到了被大家冷落在一旁的齐白石，于是他就让开别人伸过来的手，挤出人群向齐白石恭恭敬敬地叫了一声“老师”，向他致意问安。在座的人见到这种情况感到很惊讶，齐白石也深受感动，几天后就特向梅兰芳馈赠了《雪中送炭图》，并题诗道："曾见先朝享太平，布衣蔬食动公卿。而今沦落长安市，幸有梅郎识姓名。"

梅兰芳不仅拜齐白石为师，他也曾以普通人为师。有一次，他在演出京剧《杀惜》时，在众多喝彩叫好声中，他听到有个老年观众说"不好"。戏唱完后，梅兰芳来不及卸妆更衣就用专车把这位老人接到家中，然后恭恭敬敬地对老人说："说我不好的人，是我的老师。先生说我不好，必有高见，定请赐教，学生决心亡羊补牢。"老人于是便说道："阎婆惜上楼和下楼的台步，按梨园规定，应是上七下八，而你却为何八上八下？"梅兰芳听了恍然大悟，连声称谢。从此以后，梅兰芳经常邀请这位老先生看戏，请他指正，并尊称他为"老师"。

俗话说"满招损，谦受益"，自满的人会招来损害，谦虚的人会受到益处。它告诉人们骄傲自满对自己对别人都有害处，谦虚谨慎对人对己都有益的道理。

行之卷二

本卷主要论述如何通过实际行动而成就自我。寻求自我成就的道路自然艰难重重，也要经历多重磨难和修炼，人需做好准备，谦逊而自信地迎接各种挑战，要明白“克服的困难越大，得到的收获越多”的道理。

【原文】

欲成事必先自信，欲胜人必先胜己。君子受言以明智，骄横孤行祸必自生。

孟子曰：“虽有智慧，不如乘势；虽有镃基，不如待时。”时者，机遇也。

【译文】

想要做成一番事业首先就要有足够的自信，想要战胜他人首先就要能够战胜自己。君子能够接受别人的意见，因而明智，而自以为是、一意孤行且骄傲蛮横，祸患就会因而发生。

孟子说：“虽然有智慧，但不如借势而为；虽然手中有锄头，但也要等到农时才能耕作。”时的意思，就是机遇。

【点评】

自信，是人走向成功的第一秘诀。只有相信自己，才能激发进取的勇气，才能感受生活的快乐，才能最大限度地挖掘自身的潜力。

所有成功的人都有一个共同之处，就是相信自己。如果对自己都有所怀疑，又怎能勇敢前行呢?

成功不一定站在智慧的一方，但一定会站在自信的一方。如果你真的相信自己，并且深信自己一定能实现梦想，你就一定会成功。因为你相信“我能做到”时，自然就会想出“如何去做”的方法。

有的时候别人或者整个大环境会怀疑我们的价值，所谓“三人成虎”，久而久之，连我们自己都会对自己的重要性感到怀疑，接受社会强加给我们的角色，变得自甘堕落，最终一辈子都无法抬起头来，只能沿着别人划定的圈子无奈地走下去。

失去自信终究会失去自己，这是多么可悲。

自信是坦然，是敢于向自我挑战、超越自我的精神!挑战自我，才能重新评价自我，认真审视自我，深刻反省自我，不断总结自我，从而更好地深化、发展、完善自我。挑战自我，才能焕发勇气、动力，才能经受磨炼和考验，才能承担更多的责任，铸造更辉煌的人生!

机会和运气不是每个人都有的，那么，为什么一些人可以在逆境中披荆斩棘地走出来，而另一些人，却在困难面前倒下去，从此一蹶不振呢?更有甚者，甚至会因此走向自暴自弃，或者走向死亡。

一个人最大的敌人是自己。外来的挑战虽然很残酷，但不管你能不能克服，总有过去的时候。现在对你造成威胁的事件，以后未必还会存在，唯有内心里的那个自我永远不会消失。然而，假如缺乏自信心，你这一生一世就无法摆脱它的控制。

请相信自己，如果我们不能做到心灵统一，就不可能发挥出生命的潜在力量。不发挥出潜在力量，就是自己埋没自己。

【原文】

子曰："君子和而不同，小人同而不和。"故君子得道，小人求利。

孟子曰："富贵不能淫，贫贱不能移，威武不能屈，此之谓大丈夫。"

非知之难，唯行之艰也。

【译文】

孔子说："君子真心与人交往，谋划共同利益却不会随波逐流，小人外表逢迎顺从但却内心不诚。"因而，君子追求的是大道，而小人追求的只是利益。

孟子说："富贵不能使他放浪形骸，贫贱不能让他改变志向，威武不能让他屈服，这才是大丈夫。"

知道这些道理并不难，唯有行动起来才能体会到真正的艰难。

【点评】

孟子继承了孔子的传统精神以及中国文化中的哲学观念，因而孟子的学说也和孔子的文化思想一样，成为由古到今，甚至可以成为将来颠扑不破的真理。孟子的横空出世，为温良恭俭让的儒家思想注入了一股阳刚之气，儒家思想从此刚柔相济，进退自如：上可以辅君王，下可以安黎民，进可以兼济天下，退可以独善其身，既有“铁马冰河入梦来”的壮烈，又有“闲花落地听无声”的静谧。

谦谦君子是孔子的人格特征，而孟子则为后世人提供了铮铮汉子这一阳刚的形象。

“谦谦君子，温润如玉”，以玉喻君子，取其圆润、不尖锐之意。佛家讲究的圆融，是跟这种成熟圆润颇为相似的境界，是以佛家讲求戒嗔、戒痴、戒贪，无欲无求，尔后能不动声色、不滞于心。谦谦君子的圆润亦同此理。修成佛、修成仙是尘世之人遥不可及的梦想，但磨去棱角、收敛光华、修成谦谦君子却并不是太难的事情。容人之量是修成谦谦君子的前提，开阔的心胸才是君子的气量，斤斤计较、小肚鸡肠的人修不成君子。

而铮铮汉子就像一树寒梅，在风雪中可以傲然绽放。他们敢于仗义执言，绝不妥协；他们不苟且，不油滑，不世故，不屈不挠；他们有志气，有勇气，有骨气，有胆有识；他们立世一尘不染，对人一片冰心，一箪食，一瓢饮，却敢于担荷一切苦难。正如古诗所云：“冰雪林中著此身，不同桃李混芳尘。忽然一夜清香发，散作乾坤万里春”。

谦谦君子与铮铮汉子，作为两种人格特征，是不具有可比性的，无论做到哪一点，都可以让人心生敬佩。最能体现两者区别的当属鲁迅和胡适这两位中国现代文学史上的大家。

鲁迅与胡适既是北大同事，又为《新青年》同仁，在五四运动中并肩战斗过。

五四运动后期，随着《新青年》杂志的分裂，胡适与鲁迅日渐分道扬镳，走进了不同营垒。胡适的“多研究问题，少谈些主义”“整理国故”“钻入研究室”，乃至后来的“好政府主义”主张皆为鲁迅所鄙视。在《华盖集》正续编以及之后的每本杂文集中，我们几乎都不难读到鲁迅对胡适这些主张的愤慨与讽刺。最严厉的谴责是他不点名地称胡适为“向日本人献上‘攻心菜’的学者”，愤怒之情溢于言表。当以胡适为灵魂的“新月社”被国民政府查封时，鲁迅也没有只言片语的同情或慰问，反而说他们是焦大，被贾府塞了一嘴马粪。这并不是一个文人简单的谩骂，而是一个坚持自己思想的知识分子的磊落之言。鲁迅自己也说他所有的批评都是对事不对人，敢于“横眉冷对千夫指”，也能“俯首甘为孺子牛”，一身铮铮铁骨，绝不妥协。

而胡适却对此抱以宽容的态度，并且批评、规劝了苏雪林等当时批判鲁迅的人，表现了一代学术大师的卓越风范。鲁迅逝世了，尽管鲁迅与他生前政见相左，对他恶言有加，但胡适不仅不否定鲁迅的思想，还为他恢复名誉。胡适的宽容、大度、雅量、明智，确实是常人难以做到的“绅士风度”。如果说鲁迅的光明磊落让人由衷敬佩，那么胡适的这种“绅士风度”也同样让人高山仰止。

鲁迅和胡适体现出了“中国知识分子的两种不同选择”。与鲁迅的思想深刻、毫不妥协、坚韧不拔诸多品质相比，胡适表现出来的是一种平和心态，是渐进的、理性的，正如世界有好就有坏，有前就有后，有强势就有弱势，有激进就有保守。如果把鲁迅的犀利、深刻看作激进思想的表达，那么不妨把胡适看作是介于激进与保守之间的温和派。

不过，处于当今之世，生活瞬息万变，人事纷繁复杂，若想成就普通人的平安与幸福，只修谦谦君子之人格，或者钟爱一身铮铮铁骨，最终都很难如意。所以为人还需讲究方圆之道，修铮铮汉子的一身正气，心中方方正正，处世有底线，为人讲原则；取谦谦君子的圆融为人，左右逢源，在熙熙攘攘的人世间游刃有余地自在穿行。

人生若达此境界，无论朗朗乾坤，抑或是滔滔浊世，于我又有何妨！

【原文】

令行生威，威而有信，信则服众。蓄不久则著不盛，积不深则发不茂。学贵有恒，勤能补拙。

【译文】

严格按照法令制度执行，才能产生威严，有了威严才能有诚信，有了诚信才能让众人信服。储存的时间不够久，获得的东西即便倒出来也不能装满容器；根基不够稳固，即便生长出来也不能繁茂。学习贵在持之以恒，而且能够通过勤奋弥补在天分上的不足。

【点评】

一滴水从房檐上滴下来，落到青石板上，这看起来是一件非常微不足道的事，然而长年累月地滴，却能水滴石穿。做人也要具备这种“水滴石穿”般锲而不舍的精神，一旦确定了人生目标就要持之以恒，并用自己坚忍不拔的品格、坚定不移的信心和坚持不懈的奋斗精神取得一番成就。

“冰冻三尺，非一日之寒；为山九仞，岂一日之功。”观文而望其义，这句谚语比喻一种情况的形成，需要经过长时间的积累、酝酿的，告诉我们无论是在学习、工作，或是对人生的追求中，成功并不是一蹴而就的，而是需要长期的奋斗积累，才能厚积薄发。

从前，有一位果农在地里种下了两棵苹果树的幼苗，很快，它们就发芽了。鹅黄的叶片在春风中抖动着，很是惹人怜爱，第一棵树立志要长成白杨那样的参天大树，于是它拼命从地下吸取水分和养料，储备起来，滋养每一根枝干，为将来长成一棵大树做着积极的准备。但由于第一棵苹果树只顾着努力向上伸展枝丫，一年到头也没有长出几个苹果，这让老农很恼火。相反，另外一棵树也是拼命从土里汲取营养，但它的志向是尽快开花结果，最后没过几年，它就结了满树的苹果。果农欢喜极了，就更勤奋地给这棵苹果树浇水、施肥，而那棵不结苹果的树就被冷落了。

时光飞转，那棵不结苹果的大树因为根深叶茂，养分充足，终于在一个秋季，结满了一树又红又大的苹果。而那棵过早开花结果的树，却因根基尚不牢固的时候就开始开花结果，现在养分耗尽、枝干叶枯，只能结出几个苦涩难吃的苹果。果农诧异地叹了口气，用斧头砍伐了这棵过早衰败的苹果树。

在人生道路上，我们要学习第一棵苹果树，注重积累，厚积薄发，同时，我们也要以“过早开花的苹果树”为戒，莫急于求成。

在遥远的非洲草原上，有一种茅草叫尖茅草，它是草原上最长的茅草，刚发芽时，又细又短，并不显眼；可是只要雨季一来临，三五天的光景，它便能一下子生长到两米左右。植物学家很好奇，就去实地观察研究，最终得出结论：原来在刚长出的前半年时间内，它并不是没生长，而是努力把吸收的养分存在了根部。雨季之前，尖茅草的茎只长出来一寸，根部却深深扎入地下达二十米，并且疯狂地向四周散开，贪婪地汲取沙土中稀缺的水分。当储存了足够的能量后，尖茅草便蓄势待发，只要雨水一落到它的身上就一发不可收。

像尖茅草这样通过自身的努力多积累，最后厚积薄发的案例不胜枚举，我们应当借鉴其成功的经验。

庄子认为：“水之积也不厚，则其负大舟也无力；风之积也不厚，则其负大翼也无力。”这句话告诫人们，知识的积累是一个很重要的过程，只有当量的积累到一定程度时才能达到质的飞跃。荀子也感慨道：“不积跬步，无以至千里；不积小流，无以成江海。”古代圣贤用自己的实践经验告诉我们“注重积累，莫急于求成”的重要性，我们一定要谨记。

冰心写道：“成功之花，人们只惊羡于它现时的明艳，然而当初它的芽儿，浇灌了奋斗的泪泉，洒遍了牺牲的血雨。”这句话里凝聚了很深刻的哲学道理。

西晋时著名的辞赋大家左思，他的名篇《三都赋》就用了整整十年才完成。为了把《三都赋》写好，他甚至一天到晚都在构思具体的语言文字、思想内容和艺术境界，力求精益求精。为了能够及时把自己突发的灵感记下来，他走到哪里都带着笔墨，一想到有什么好的句子，就立马记录下来。

十载寒暑，左思终于完成了《三都赋》。《三都赋》辞藻华美、文笔畅快，无论是内容还是形式，都取得了较高的艺术成就。文章一经问世，整个洛阳都城为之轰动，文人骚客争相传抄，一时之间连纸张都供不应求，导致纸价暴涨，这正是“洛阳纸贵”的美谈，左思也因此而名动天下。

左思用了整整十年才写了一篇足以让他流芳百世的

文章，而我们周围一些人写文章，只讲求速度，不重视质量，这样的文章又能有多少艺术价值呢？任何成功者，都是付出了常人无法想象的辛苦才实现自己的人生价值的。急于求成，最终只能一败涂地。

贾岛诗曰“十年磨一剑”，这是成功者才具备的一种良好人生态度。在这个物欲横流的社会中，很多人没有摆正心态，急功近利，总幻想着不劳而获的成功，殊不知，这种心态不仅不会成功，反而极其有害。于是我们不得不承认，想要有登峰造极的成就，就必须先承受十年磨一剑的寂寞。要知道，每一次成功所绽放的光芒，并不是那瞬间的张力，而是无数岁月所沉淀的巨大能量。

当下的你可能默默无闻，请不要急躁，可能在别人眼里你是一个平庸的人，但我们自己的心里要时刻明白：点点滴滴地积累，脚踏实地地学习，总有一天会获得成功。

【原文】

宁忍胯下之辱，不失丈夫之志。当断不断，必有祸乱；当断则断，不留祸患。精于理者，其言易而明，粗于事者，其言浮而狂。故言浮者亲行之，其形可见矣。五岳之外，尚有山尊；至人之上，亦有圣人。

【译文】

宁可忍受胯下之辱，也绝不能失掉大丈夫的志向。在应当决断的时候没有决断，此后必然会遭受祸患；在应当决断的时候能够决断，就不会留下祸患。所以精通道理的人，说话简单明了，对道理了解肤浅的人，说的话就会浮夸狂妄。因而那些言语浮夸的人，一旦亲自实践，本性就会显露出来。五岳虽然地位尊贵，但仍有比这更为尊贵的高山；在学识和品行方面非常出色的人之上，也还有比他更加尊贵的圣人存在。

【点评】

该慢的时候就要慢，该等的时候就要等。急功近利，揠苗助长，反而不能尽快达到预期的目的。

为人处世最忌急躁，一急躁就容易轻浮，做事情之前不能沉着冷静地分析，就无法认清事物的本质。尤其是当条件还不完全成熟的时候，就更不能一味蛮干，毕竟心急吃不了热豆腐。欲速则不达，越是心急，越容易把事情办砸。只有克服浮躁之气，脚踏实地，日积月累，最后才会功到自然成。

李渊建立唐朝后，还有一些地方割据势力与之对抗。

李世民奉命来到新绛安营扎寨，准备与刚刚逼近的宋金刚大军交战。将领们纷纷建议，趁着敌军刚到这里，还没稳住阵脚，一举出击，将其攻克。

而李世民却说：“敌军远道而来，一无充足的粮草，二无坚实的后援，他们肯定希望速战速决。如果我们主动出击，那不是正中敌人下怀吗？”

于是，李世民下令，全军整装待命，暂时闭门不出，即使敌人挑战也决不迎战。

果然不出所料，几个月后，宋金刚的大军粮尽草绝，士气低落，无人愿战，只好撤兵回营。李世民见时机已到，便乘胜追击，大败敌军。

在战争中，忍住躁进方能最终克敌制胜。正是因为李世民冷静忍耐，仔细分析敌我形势，按兵不动，隐忍待机，做出了有针对性的决策，最后轻松取胜。如果他急于求成，按照部将的建议，冒失地与敌人交战，那么战争的胜负结果或许就会发生改变。

有人说过：忍耐是苦的，但最终会结出甘甜而柔软的果实。一个人如果心浮气躁，就不能做好充分准备，抓住机会，最后功亏一篑。只有消除浮躁，承受忍耐的痛苦，忍他人所不能忍，才能成他人所不能成的大事。

有一位建筑设计专业毕业的学生，具有非常高的专业素养。毕业时，本来已经有家著名的建筑设计院想要录用他。可是他想到，今后很长时间里，都要在那个一成不变的工作环境里生活，忍耐很久也不一定能有出头之日，于是便打消了去那里的念头，放弃了这个非常好的学习和锻炼机会。

后来，他去了几家较大的建筑公司应聘，可是大公司都不要没有工作经验的毕业生。他又找了几家小公司，可是又认为凭借自己的实力，去小公司太委屈自己了。

没办法，他只好转行做起了销售工作，可干了一段时间，也一直没有得到提拔升职，于是便又换了几个工作。可是不管换到什么公司，他总是无法忍耐缓慢的升迁过程，对工作环境越来越不满，最终逐渐失去了工作的热情。

不久后，他联系了几个朋友一起做建材生意，他认为自己有很大的专业优势，一定可以干好。可是专业学习与做生意毕竟不是一回事，没多久，他就亏本了，和朋友也闹得不欢而散。

最后，他的专业知识已经忘却了很多，由于经常转行、变动工作，也没有积攒什么有价值的实践经验，对前途彻底失去了信心。

一个人拥有远大抱负不是错误，但前提是必须要踏实肯干。浮躁的现象在现实生活中非常普遍，有很多人，事情刚做了一半，就觉得大功告成，开始飘飘然起来，急功近利，只求快速实现目标而看不起手边的小事，认为它们没有意义。

就像上例中那位年轻人，心浮气盛，这山看见那山高，总想着所有事情一蹴而就，自己能迅速升迁、平步青云，结果在工作中沉不下心来，干什么都干不好，最后落得一无所获。人生道路就像攀爬台阶，要一级一级往上爬，一步一个脚印，耐心做事，切不可焦躁任性，想要一步就跨越几级台阶，最后反而磕磕绊绊上不去，甚至还会摔落下来。

年轻人要励志奋进，要在思想上有深度和远见，不能让自己养成浮躁的心态，急于求成。只有在耐心等待和磨砺中锻炼自己，寻找合适的契机，才能步步为营，获得最终的成功。一旦进入新的环境和领域，你就是一张白纸，要培养忍耐精神，克服书生意气，不浮躁、不轻狂、不盲动，正视自己的地位和境遇。这样才能慢慢积累经验，稳步向目标迈进，直至做到事事得心应手，最终功成名就。

踏踏实实，不好高骛远，甘于从一点一滴做起，并坚持下去，这就像建造房子一样，只有把基础打扎实了，才能迅速发展，才会把大楼盖得既牢固又高大。其实，这才是最稳妥、最快速的制胜之道。

止之卷三

本卷主要论述适度的人生哲学。修养自身需要拥有一定的自律性，能够控制自己，不轻易被情绪和欲望左右；与人相交也要懂得分寸，这样才能让情谊绵长不息。

【原文】

大怒不怒，大喜不喜，可以养心；靡俗不交，恶党不入，可以立身；小利不争，小忿不发，可以和众。

见色而忘义，处富贵而失伦，谓之逆道。逆道者，患之将至。恩不可过，过施则不继，不继则怨生；情不可密，密交则难久，中断则有疏薄之嫌。

【译文】

在应该无比愤怒的时候却能隐忍不发，当极好的事情发生在自己身上时却能保持淡定，这样就能修养心神；不与萎靡低俗的人结交，不参与邪恶的党派，就能够在社会上保持一定的地位；不对小利锱铢必较，也不因为一点小的不愉快爆发情绪，就能够与众人和谐共处。

看见美色就忘记道义，身处富贵而失去伦常，这就是违反道义的行径。违反天道的人，灾祸一定会落在他的头上。施恩不是越多越好，过分施恩就会难以长久，难以长久就会让对方产生怨恨的情绪；与人交往不可过分亲密，过分亲密关系也难以长久，一旦中断就会让人有疏远淡薄的感觉。

【点评】

有时候，给人送一斗米，资助虽少，但能救人于危难，对方会感激；而有时候，给人送一石米，反而会使人贪得无厌，甚至反目成仇。所以，帮助人要看时机与对象。

古时候，有两户人家是邻居，两家平日里相处得不错，关系很融洽。两家都以种田为生，其中一家人更勤奋一些，家中条件也更宽裕。

有一年遇上旱灾，两家都颗粒无收。穷家每年都没有多少富余，就指望着田里的收成过活，这一年收成不好，一家人只能饿肚子；而富家因为往年有结余，家里有不少储备的粮食，看到邻居家有困难，富家送去了一升米，解了穷家的燃眉之急。

因为这一升米，穷家才没有在灾年饿死。度过灾年后，穷家家长专门去富家拜谢。交谈之中，穷家又提到现在连吃饭都很困难的问题，并诉苦下一年的种子更没有着落。于是，富家再一次慷慨地拿出一斗粮食给穷家。

回家后，穷家一家人商量这一斗粮食应该怎么分配。分来分去，最后发现，除了吃以外，这斗粮食根本不够明年地里的种子。于是，穷家开始抱怨起来，觉得富家太过分了，既然有富余，就该多给他们一些粮食，心里有了怨气，就难免到处说富家的坏话。

没过多久，富家也知道了穷家的抱怨。富家人非常生气，心想："我白送你们这么多的粮食，不仅不感谢我，还到处说我坏话，太不像话了。"于是，富家断绝了和穷家的来往。

本来关系挺好的两家人，却因为一斗米的问题而成为仇人。这就是俗语中常说的"一把米养个恩人，一斗米养个仇人"。

一个人在饥寒交迫的时候，得到一把米，能解决他的生存问题，他自然会感激不尽。不过，如果继续给他米，这个人就会觉得理所当然，继而变得心安理得。这时的他，欲望已经被放大。

经济学家认为，我们向往某事物时，情绪投入越多，第一次接触到此事物时情感体验也越为强烈；但是，第二次接触时，这种情感就会淡一些；第三次，会更淡……由此发展下去，我们接触该事物的次数越多，我们的情感体验就会越为淡漠，一步步趋向乏味。这就是"边际效用递减率"。

曾经有个母亲在女儿出嫁前嘱咐女儿："到了婆家，记住不要一直做好事。"这位母亲正是深谙"边际效用递减"规律才对女儿提出这般建议。母亲担心女儿一直做好事，婆家会认为这个媳妇天生就是这样，对她所做的好事不会记在心里，反而会有更多的要求，甚至不允许她日后出现一点点的差错。

生活里我们经常会遇到这样的事，第一次帮助了某人后，他会对你心存感激；而第二次帮助他的时候，他的感恩心理就会淡化。数次之后，别人甚至会将你的付出当成是理所当然的。一旦他所期望的帮助没有出现，反而会对你心存怨恨。

施恩不图报，这是很多人帮助他人的初衷。然而，当“滴水之恩，涌泉相报”走向了“理所当然，恩而不谢”时，你还能坚持把好事做下去吗？所以在扶危济困的时候要有原则，不要助长了他人好吃懒做的贪欲，所谓“救急不救穷”说的就是这个理。

【原文】

不贪权，敝户无险；不贪杯，心静身安。直木先伐，全璧受疑；知止能退，平静其心。养心莫善于寡欲，养廉莫善于止贪。

【译文】

不要贪图权势，鄙陋的家庭没有什么可以担忧的；不要贪图饮酒，内心安宁平和，身体就能保持安稳。笔直的树木最先被砍伐，完美无缺的璧玉容易招人质疑；知道停止并做到全身而退，就能保持内心的平和安定。修养自己身心的最好办法莫过于减少欲望，保持廉洁的最好办法就是让自己的贪念适可而止。

【点评】

清朝学者周希陶在《增广贤文》中写道："知足常足，终身不辱；知止常止，终身不耻。"这里的止，就是停止的意思。知止，它告诉人们凡事要知道满足，要适可而止，这样才能让自己的一生无辱、不耻。

做人应常修从业之德，常怀律己之心，常思贪欲之害，常弃非分之想，做到"短止而上"，这样才能避免灾祸、平安长久。金朝的石琚就是知止的一个榜样。

金熙宗时期，石琚任邢台县令时，官场腐败，贪污成风，唯独石琚洁身自好，并且经常告诫别人不要见利忘义。

石琚曾经规劝邢台守吏说："一个人到了见利不见害的地步，他就要大祸临头了。你敛财无度，不计利害，自以为计，在我看来却是愚蠢至极。回头是岸，我实在不忍见到你东窗事发的那一天。"邢台守吏拒不认错，私下竟反咬一口，向朝廷上书诬陷石琚贪赃枉法。结果，邢台守吏终因贪污受到严惩，其他违法官吏也被一一治罪。石琚因清廉无私，虽多受诬陷却平安无事。

石琚官职屡屡升迁，有人便私下向他请教升官的秘诀。石琚说："我不想升迁，凡事凭良心无私，这个人人都能做到，只是他们不屑做罢了。人们过分相信智慧之说，却轻视不用智慧的功效，这就是所谓的偏见吧。"

金世宗时，世宗任命石琚为参知政事，不料石琚百般推辞。金世宗十分惊异，私下对他说："如此高位，人人朝思暮想，你却不思谢恩，这是何故？"

石琚以才德不堪推拒，金世宗仍不改初衷。石琚的亲朋好友力劝石琚道：“这是天大的喜事，只有傻子才会避之再三。你一生聪明过人，怎会这样愚钝呢？万一惹恼了皇上，我们家族都要受到牵连，天下人更会笑你不识好歹。”

石琚长叹说：“俗话说，身不由己，看来我是不能坚持己见了。”

石琚无奈接受了朝廷的任命，私下却对妻子忧虑地说：“树大招风，位高多难，我是担心无妄之灾啊！”他的妻子不以为然，说道：“你不贪不占，正义无私，皇上又宠信于你，你还怕什么呢？”

石琚苦笑道：“身处高位，便是众矢之的，无端被害者比比皆是，岂是有罪与无罪那么简单？再说皇上的宠信也是多变的，看不透这一点，就是不智啊。”

石琚在任太子少师之时，曾奏请皇上让太子熟习政事，嫉恨他的人便就此事攻击他别有用心，想借此赢取太子的恩宠。金世宗听后十分生气，后细心观察，才认定石琚不是这样的人。后来，金世宗把别人诬陷的话对石琚说了，石琚十分震惊，他借机坚决辞去太子少师之职，再不敢轻易进言。

大定十八年，石琚升任右丞相，前来贺喜的人络绎不绝。石琚表面上壮志满满，私下却决心辞官归隐。他开导不解的家人故旧说：“我一生勤勉，所幸得此高位，这都是皇上的恩典，心愿已足。人生在世，祸在当止不止，贪心恋权。”

他一次又一次地上书辞官，金世宗见挽留不住，只好答应了他的请求。世人对此事议论纷纷，金世宗却感叹说：“石琚大智若愚，这样的大才天下再无第二个人了，凡夫俗子怎知他的心意呢？”

石琚确实是一位有大智慧的人，因为他清楚繁华只如过眼云烟，终究有散去的时候。“因嫌纱帽小，致使锁枷扛”的例子已经比比皆是，警钟敲得已经足够响了！

隋朝时的大儒王道，专门写过一本名叫《止学》的书，其中有一句非常有名的话：“大智知止，小智惟谋。”意思是说拥有大智慧的人知道适可而止，而只有小聪明的人却只知道不停地谋划。因此，为人大智慧，须懂得“过犹不及”“知止不败”的道理，当行则行；也要明白不被风光迷惑双眼，当止则止。

【原文】

高飞之鸟，死于美食；深潭之鱼，亡于芳饵。外贵而骄，败之端也；处富而奢，衰之始也。去骄戒奢，唯恭唯俭。钱字拆开，乃两戈争金，世人应晓其险也。

【译文】

高空之中的飞鸟，往往因为美味的食物而死去；深潭中的鱼，因为鲜美的饵食而丧命。外表显贵而骄横，是衰败的开始；身在富贵奢侈的环境之中，是失败的起点。去除骄傲戒掉奢侈，只保持恭敬节俭。“钱”字拆开，是两个“戈”字争夺一个“金”，世人应该知道它的凶险。

【点评】

“豪华尽出成功后，逸乐安知与祸双”。安逸总是和祸患形影不离，任何想要做出一番大业的人，如果不懂得磨炼意志，不思进取，就必定会在安逸中遭受灾祸的侵害。

《孟子》中有一句话：“生于忧患，死于安乐。”意思是说艰苦的生活环境能够锻炼人们的坚强意志，激励人们不断进取；而优越轻松的生活环境容易腐蚀人，如果长期沉浸其中，往往会变得颓废甚至灭亡。

南唐国主李煜正是在两任才女皇后的陪伴下，在金陵城内尽情游乐，不问世事，最终将南唐带向灭亡的道路。

李煜的第一个皇后周娥皇，才华过人，通书史，善音律，尤工琵琶。她与李煜之间可谓才子佳人，夫唱妇随，两人每天都在宫中填词作曲，宴舞游赏。

无论是周后的曲还是李煜的词，都充满着旖旎绮丽的情调。国事艰险，百姓困苦，都已被抛之脑后。

周后因病去世后，李煜又续娶了她的妹妹小周后。此时南唐国势已经日趋衰落，李煜对国事更没有了兴趣，整天沉浸在小周后的温柔乡里消磨时光，过着酒醉金迷的生活，逃避国事的窘迫。

然而逃避终究解决不了问题，金陵城中的风花雪月，在赵宋王朝的铁蹄下消失殆尽，小周后陪着李煜一起成了阶下囚，在耻辱和悲哀中度过了人生的最后岁月。

贪图安乐就像饮下甘甜的毒酒，让你在迷醉中失去生命，失去美好生活的希望。李煜就是整日在安逸颓废的生活中放纵享乐的欲望，最终成了宋王朝的俘虏，只能在“梦里不知身是客，一晌贪欢”中回味他曾经拥有的“无限江山”。

我们要想有一番成就，必须要对安逸的生活保持警惕。人生苦短，所以一定要在有限的时光里积极进取，做更多有意义的事情；否则，我们的能力就会慢慢退化，在饱暖、淫欲中庸碌一生。

要知道，选择过安逸的生活，就相当于自我毁灭。一旦沉迷于享受之中，很快就会让自己的意志消磨掉，逐渐变得不思进取，不求上进，苟且偷生，更别提奋发图强，有所作为了。

一个人死后，在黄泉路上，看到一座金碧辉煌的宫殿。宫殿的主人请他留下来居住。

这个人说：“我在人间辛辛苦苦一辈子，我现在只想吃，只想睡，只想玩乐，就是不愿工作。”

宫殿主人说：“如果你希望这样的话，那世界上再也没有比我这里更适合你的了。这有山珍海味，随你想吃多少；这里有温暖舒适的床铺，你想睡多久就睡多久；这里也没有任何工作需要你来做。”

于是，这个人就住了下来。

刚开始的时候，这个人吃了睡，睡了吃，感到非常快乐。渐渐地，他觉得有点寂寞和空虚。

于是他去见宫殿的主人，抱怨说这种日子太无聊了，想要做些什么事情。

而宫殿的主人说：“对不起，我们这里从来就没有任何工作。”

又过了一段时间，这个人实在受不了了，便对宫殿的主人说：“如果你不给我工作，我宁可下地狱，再也不住这里了。”

宫殿的主人轻蔑地笑了：“你以为这是极乐世界吗？这里本来就是地狱啊！”

我们常常沉醉于优越舒适的环境中，以为正在享受生活，却不曾想到，其实自己正处在祸患之中。

安逸就像地狱一样，总以一种华丽安乐的面貌出现，但是它能在不知不觉中摧毁你的梦想，侵蚀你的心灵，让你逐渐变成一具没有灵魂的行尸走肉。它只能让你养成懒惰的习惯，而不能给你带来真正的动力和乐趣。长期持续下去，你不但会觉得生活无聊，得不到进步，而且还会丧失自己原本具有的闪光点。

无所事事地消磨时光其实就是一种痛苦，心灵的空虚和头脑的呆滞会令人在不知不觉中陷入危机；而那些正在努力拼搏的人，虽然每天都很疲惫辛劳，却过得非常充实，时时都有收获。这其实才是真正的享受，因为工作是一种最好的历练，是避免在安逸中消亡的最好方式。放下安逸，努力工作，忙碌的生活会让自己感受到生命的真实，会让我们的梦想得以实现，创造出属于自己的一片广阔天地。

【原文】

廉于小者易，廉于大者难；廉于始者易，廉于终者难。全则必缺，极则必反，盈则必亏。改过宜勇，迁善宜速。迷途知返，得道未远。

【译文】

在小利上面保持廉洁是非常容易的，但大利方面做到廉洁就困难了；在开始的时候能保持廉洁是容易的，但能坚持到最后就难了。过于完美就必然会遭到缺损，物极必反，盈满就一定会遭到亏损。改掉自己的过错应该勇敢，洗心革面就一定要迅速。迷失路途时知道返回，就离得道不远了。

【点评】

自己经过的事，不要轻易将其抛诸脑后，忘记过去意味着背叛，无视以前的经验教训，必将在人生的道路上吃亏。

子曰："温故而知新，可以为师矣。"

"温故知新"也不单指学习。从文字上去解释，就是温习过去，知道现在的，便可以做人家的老师了。更深一步的体会则是，认识了过去，就知道未来，过去就是你的老师，"前事不忘，后事之师"。

相传，在一片深山密林中，一座"仙人居"位于山巅。一日，一位年轻人风尘仆仆，从很远的地方来求见"仙人居"的圣人，想拜他为师，修得正果。年轻人进了深山，走啊走，走了很久，犯难了，路的前方有三条岔路通向不同的地方，年轻人不知道哪一条路能够通向山顶。

忽然，年轻人看见路旁一个老人在小憩，于是走上前去，轻声唤醒老人，询问通向山顶的路。老人睡眼惺忪地嘟哝了一句“左边”，便又睡过去了。年轻人便从左边那条小路往山顶走去。走了很久，路突然消失在一片树林中，年轻人只好原路返回。回到三岔路口，老人家还在睡觉，年轻人又上前问路，老人家舒舒服服地伸了个懒腰，说了一句：“左边。”便又不理他了。年轻人正要分辨，转念一想，也许老人家是从下山角度来讲的“左边”。于是，他又拣了右边那条路往山上走去。走啊走，走了很久，眼前的路又消失了，只剩一片树林。年轻人只好再从原路返回。

回到三岔路口，见老人家又睡过去了，年轻人气不打一处来。他上前推了推老人家，把他叫醒，问道：“你一大把年纪了，何苦来骗我，左边的路我走了，右边的路我也走了，都不能通向山顶，到底哪条路可以去山顶？”老人家笑眯眯地回答：“左边的路不通，右边的路不通，你说哪条路通呢？这么简单的问题还用问吗？”年轻人这才明白过来，应该走中间那条路。但他总想不明白老人家为什么总说“左边”。带着一肚子的疑惑，年轻人来到了“仙人居”。他虔诚地跪下磕头，圣人笑眯眯地看着他，原来圣人就是三岔路口的那位老人家。

这个故事简单却内涵丰富，以前经历的事情要作为现在行事的指南，以过去为镜子，照出成败得失，不能混混沌沌、糊糊涂涂地度过一生。

藏之卷四

本卷主要论述谦卑的处世态度。人生而在世，要懂得收敛自己的光芒，韬光养晦，以虚怀若谷的态度面对人世的种种起伏，说话做事更要给自己留有余地。恃才傲物、骄纵无度、说话太绝，都会给自己和身边的人招来祸患。

【原文】

有大而能谦者豫，有才而恃显者辱。山以高移，谷以卑安，恭则物服，骄则必挫。蝼蚁之穴，能毁千里之堤；三寸之舌，可害身家性命。

【译文】

有了大功劳却能保持谦卑的人是快乐的，有了才干就骄傲的人会遭到侮辱。山峰因为高耸而被风雨侵蚀变形，山谷因为位置卑微而得以安稳，态度恭敬就会被人佩服，骄傲就会挫败。蝼蚁筑造的巢穴看似微小，但却能摧毁千里长堤；人的三寸之舌看似不长，却能让身家性命受到伤害。

【点评】

水满则溢，月盈则亏。饭吃七分饱，最有益于健康；

画画要留白，方显天地之宽厚；吹气球要留一定空间，才不容易爆炸；花儿含苞待放时最美丽，开得极盛则很快就会衰败……所有种种，都在昭示谦虚对我们的重要作用，以及骄傲可能产生的坏处。

相传，我国唐代著名诗人白居易有一个习惯，每次他作了一首新诗，都会找些牧童或是老妇人，把诗念给他们听。如果这些人说听不懂，他就会修改，然后再去念给他们听。直到他们能听懂，白居易的这首诗才算是真正写成了。

白居易就是用这种谦虚的态度和对读者负责的精神，才写出了那么多好诗。这也让他的诗作风格鲜明，不但读起来朗朗上口，一点都不晦涩难懂，还含义深刻，就像“野火烧不尽，春风吹又生”一样，用最直白的语言，道出了最深刻的道理。

像白居易这样著名的诗人，不但没有轻视牧童和村妇，反而认为他们懂得真正的文学作品，这是一种多么谦虚的态度啊！也正是由于这种虚心求教于人的态度，他的诗作才在民间广为流传，为后人所称颂。

同样道理，说话不说满，要给自己留有余地，这样才能做到进可攻、退可守。

诸葛亮离开荆州之前，曾反复叮嘱关羽，要东联孙吴，北拒曹操，但关羽对这一战略方针的重要性认识不足，他瞧不起东吴，也瞧不起孙权，致使吴蜀关系紧张。关羽驻守荆州期间，孙权派诸葛瑾到他那里，替孙权的儿子向关羽的女儿求婚。这本来是件好事，以婚姻关系维系政治联盟，历史上多有先例，如果关羽能放下高傲的架子，认真考虑一番，利用这一良机，进一步巩固蜀吴的联盟，将是很有益处的。但是关羽竟然狂傲地说："吾虎女安肯嫁犬子乎？"

试想，如果是你，听到这句话会有何感想。任何时候都不要对暂时不如自己的人口出狂言，毕竟三十年河东，三十年河西，今天的任何一个弱者都可能是明天的强者，何况许多人又是很容易记仇的，孙权作为一国之君又怎能忍受关羽之侮辱？要知道并不是每个人都是韩信，受辱之后还能奖赏侮辱自己的人。

让我们接受关羽的教训吧！正如鬼谷子所说，为人处世时，一定要为自己留一点回旋的空间，说话时也应注意不要把话说得太满，这就好比把杯子倒满了水，不但不能再加水，而且只要出现一点意外，就会碰洒杯中的水。

话不说满，并不是处世圆滑的表现，而是一种成熟的行事策略。因为说话办事不能只看到眼前，还要充分考虑事情发展的后果和可能出现的问题。

遇到不能确定的事，可以适当采用诸如"尽可能""尽量""或许"这样一些字眼。也就是说，要学会运用巧妙的语言与恰当的表达方式，模糊地、含蓄地、灵活地进行表态或表述，以避免事后可能出现的尴尬和不应该承担的责任，给自己留下一个慎重考虑、妥善决策的余地。

即使能够确信说出的话一定会实现，也不应该把话说满。你原来认为可以办到的事，也许会在逐步进行中出现种种意料之外的困难，特别是当事情的结局、利弊等尚不明朗时，就更需要耐心等待、认真观察分析，信口开河，最后只能令他人失望，也给自己造成不好的影响。

当你批评别人时，也要注意为他人留一条后路，懂得不撕破脸，在对方没有退路时给对方铺路。如果把退路都堵死了，就会令对方尴尬、灰心、失望。

当你与某人发生矛盾时，也不要愤恨地说“我以后和他割席绝交、一刀两断、誓不两立”之类非常绝情、过激的气话。也许当你冷静下来之后，就会发现原来是自己理亏、错怪了他人，等到那时再后悔不该把话说满，可能已经为时晚矣。

【原文】

德行昭著而守以恭者荣，功高不骄而严以正者安。聪明过露者德薄，才华太盛者福浅。自高者处危，自大者势孤，自满者必溢。

【译文】

德行为人称道并能始终保持谦卑恭敬，这样的人就能获得荣耀；功劳高却不显示出骄傲的神色并且能严正内心，这样的人就能平安。聪明太过显露的人并没有什么品德，过分彰显自己的才华会让自己的福分变浅。自视甚高的人处境就会危险，自以为是的人就会失势无依，自满傲慢的人一定会受到挫败。

【点评】

真人不露相，露相非真人。真正有智慧、有真才实学的人，不会轻易显示自己的智慧。适当地隐藏自己，既能有效地保护自我，又能充分发挥自己应有的作用。

张良智慧过人，为西汉的建立立下了汗马功劳。刘邦大封功臣时，请张良自选齐地三万户作为封邑。张良推辞不受，最后被封为留侯。

跟随张良多年的心腹一次忍不住问他："富贵荣华，这是人人都不愿放弃的，大人何以功成之时一概不求呢？大人这样谦退，岂不太可惜了吗？"

张良说："我年轻时，散尽家财，行刺秦王，追随沛公，唯恐义不倾尽，智有所穷，方有今日的虚名。时下大局已定，天下太平，谋略当是无用之物了，我还能彰显其能吗？谋有其时，智有其废，进退应时，方为智者啊。"

张良和外人从不袒露心声，好友探望他，他从不议论时事。一次，吕后因刘邦要废掉太子刘盈之事派人求张良帮忙，软硬兼施之下，张良无奈出了主意，让吕后请出商山四皓辅佐太子。刘邦一直崇敬这四个人，见到他们出山相助太子时，大惊失色，自知太子羽翼已成，不得不放弃了废太子的念头。

吕后派人向张良致谢，张良却回绝说："这都是皇后的高见，与我何干呢？请转奏皇后，此事千万不要再提起了。"

吕后听了使者回报，感叹良久。她对自己的妹妹说：

"张良不居功是小，弃智绝俗才是大啊。我先前只知道他智谋超群，今日才知他是深不可测，非我等可以窥伺得了的。"

刘邦死后，吕后专权。张良对政事一概不问，吕后见他潜心道家养生之术，便不以他为患，反而对他愈生钦敬。吕后对其他大臣或杀或贬，却独对张良关爱有加。

张扬自己的智谋不仅容易遭到他人的嫉妒，而且会让他人对他戒心加强。适当隐藏智慧，示人以愚，打消他人的戒心，有效保全自己，这才是张良最高明的处世智慧。

为人处世中同样不应该咄咄逼人，过于"逞能"，须知聪明常被聪明误。因为"逞能"之时就是一个人感觉最良好之时，这时也是精神最松懈之时，得意忘形，心无防备，危险就会乘虚而入。在与人交往中，即便看透了别人的心思，也不要逞能点破，这既尊重了他人的隐私，也不会为自己招惹是非。

古今中外，一些过分张扬之人，不管才能多高，功劳多大，大多不得善终，比如三国时期的杨修。

杨修是曹操手下的主簿，才华横溢，但也因此喜欢卖弄聪明。

有人送给曹操一盒奶酥，曹操吃了一些又盖好，并在盖子上写了"一合酥"三个字，大家都弄不懂这是什么意思。杨修见了，就拿起和大家分吃，并说："这是让每个人都吃一口！"曹操对杨修的聪明连连称赞。

曹操令人建一座花园。快竣工时，曹操去验收，但他不置褒贬，只是在花园门框上写了一个"活"字。众人不明所以，杨修却笑着说：“门内添‘活’，是个‘阔’字，丞相是嫌园门太阔了。”官员一听有理，马上命人重建园门，完工后又请曹操来观看。曹操看后很高兴，问道：“谁知道了我的意思？”左右答道：“是杨修主簿。”此时，曹操表面上仍然称赞杨修聪明，其实内心已开始防范杨修了。

曹操引兵与蜀军作战，战事失利，进退失据。长期拖下去，不仅耗费钱粮，而且会挫伤士气；如果撤兵无功而归，又会遭人笑话。曹操对此犹豫不决。夏侯惇入帐禀请夜间号令。曹操随口说：“鸡肋！鸡肋！”夏侯惇传令众官，都称“鸡肋”。杨修见传“鸡肋”二字，便教随行军士各自收拾行装，准备归程。夏侯惇责问他为何让士兵收拾行装。杨修笑答：“鸡肋者，食之无肉，弃之可惜。魏王的意思是在此没有好处，不如早归。明天魏王一定会下令班师的，所以先收拾行装，免得临行慌乱。”听完后，夏侯惇不但没有责怪杨修，反而也命令军士收拾行装。于是寨中各位将领无不准备归计。

当夜曹操心乱，不能入睡，就绕着军寨独自行走。当他见到士兵各自准备收拾行装，大惊失色，不知何人竟敢如此大胆，作撤军的准备？当他得知杨修的自作聪明后，勃然大怒：“你怎敢造谣乱我军心！”不由分说，即刻命人将杨修推出去斩了。

杨修确实够聪明，聪明得能看透别人看不到的很多东西，能猜透别人猜不透的许多事情。然而，他又太愚蠢了，愚蠢得不知如何保护自己。他或许到死都不明白，正是他过分外露的聪明使他成了刀下鬼。

齐国隰斯弥的住宅，正巧和权贵田常的官邸相邻。田常为人野心勃勃，隰斯弥虽然怀疑田常，但却丝毫不露声色。

一次，隰斯弥前往田常府第进行礼节性的拜访，田常破例带他到邸中的高楼上观赏风光。隰斯弥站在高楼上向四面眺望，东、西、北三面的景致都能够一览无遗，唯独南面视线被隰斯弥院中的大树所阻碍，于是隰斯弥明白了田常带他上高楼的用意。

隰斯弥回家立即派人砍掉那棵阻碍视线的大树。然而正当家人砍树的时候，他却又阻止了大家，并道出了其中的奥妙："能看透别人的秘密并不是好事，现在田常正在图谋大事，就怕别人看穿他的意图，如果我按照田常的暗示砍掉那棵树，只会让田常感觉我机智过人，会给我带来不测祸端。不砍树的话，他顶多嫌我不能善解人意，但还不致招来杀身大祸，我还是装作不明不白的好，以求保全性命。"

与人交往的过程中，你可以比对方聪明，但千万不要让对方知道你比他聪明。因为无论你采取什么方式来炫耀自己，哪怕是一个得意的眼神、一种高傲的腔调、一个不耐烦的手势，都有可能给自己带来严重的后果。

真正的才智，不是浑浑噩噩地一味卖弄。因此，我们要懂得收敛自己的锋芒，不要以为只有自己是最优秀的，要多从他人的角度考虑问题，隐藏自己的锐气，做一个成熟而有城府的人，这样才不至于四面树敌，使自己陷入困境。

【原文】

人情警于抑而放于顺，肆于誉而敕于毁。君子宁抑而济，毋顺而溺；宁毁而周，毋誉而缺。觉人之诈，不形于言；受人之侮，不动于色。此中有无穷意味。

【译文】

人之常情就是遭受逆境时对自己的行为警醒，在顺境之中却会放纵自己；听到外界的赞誉声会自我膨胀，受人斥责时才开始反省。君子宁可在逆境中自强不息求得生存，也不愿在顺境中堕落下去；宁可被人诋毁时改正缺点，也不愿因为荣誉而失去操守。察觉到别人的狡诈之处，不要表露在言语之中；受到别人的侮辱，不要在脸色上表现出来。这里面可是有着无穷的深意啊。

【点评】

人生在世，如果仅仅坚持“举世皆浊我独清，众人皆醉我独醒”的清高自傲，恐怕换来的只会是屈原式的含恨离世，或是文人式的抑郁不得志。同流世俗不合污，周旋尘境不流俗，这才是最明智的选择。

《老子》中在提到“道”时说了一个道理，“挫其锐，解其纷，和其光，同其尘”，字面的意思便是，挫其锋芒，消除纠纷，含敛光耀，混目尘世。

挫锐解纷，和光同尘，听来略显晦涩的文字背后，其实是在告诉我们一个为人处世的方法。

济颠和尚以佯狂行事、游戏风尘的态度为人排忧解难，看似疯疯癫癫，实则一切了然，表面嬉笑尘世，实际心怀慈悲。后人有诗赞曰："非俗非僧，非凡非仙。打开荆棘林，透过金刚圈。眉毛厮结，鼻孔撩天。烧了护身符，落纸如云烟。有时结茅宴坐荒山巅，有时长安市上酒家眠。气吞九州，囊无一钱。时节到来，奄如蜕蝉。涌出舍利，八万四千。赞叹不尽，而说偈言。"

一个鞋儿破、帽儿破、身上袈裟破的行脚僧，一个人人都笑骂的癞头和尚，却是一个行走红尘、惩恶扬善的活佛，这便是"挫锐解纷，和光同尘"的最佳体现。

冲虚自然，永不自满，来而不拒，去而不留，除故纳新，流存无碍而长流不息，才能真正做到"挫锐解纷，和光同尘"。凡是有太过尖锐、呆滞不化的心念，便须顿挫而使之平息；倘有纷纭扰乱、纠缠不清的思念，也必须要解脱斩断。

一个有才华的人，既要学会装傻，做到不露锋芒、暗中进取；又要学会把握时机，该出手的时候便要果断出击，施展自己的才华，拼出一番伟业。人生如戏，演绎着幻化无穷的各种情况，稍有懈怠就会有闪失，因此必须学会把握"装傻"与"聪明"之间的"度"。

楚庄王继位时很年轻，他并未像其他新君那样一上来就烧"三把火"，而是不问国政，只顾纵情享乐。这时的楚庄王根本不像国君，朝野上下也都把他看作糊涂无能的昏君。

看到这种情况，朝中一些正直的大臣都十分着急，许多人进宫劝谏楚庄王要节制淫乐，以国事为重。可楚庄王完全不予理睬，甚至下了“胆敢劝谏者死”的命令，最后没有人再敢冒死进谏。

大夫伍举知道直谏毫无用处，便给楚庄王讲了个故事：“远方的高山上，有只鸟三年不飞也不叫，人人猜不透，实在不知这是只什么鸟！”

楚庄王听完这段话，明白这是在说自己，可他故意装出一副失望的神情说道：“这有什么可奇怪的呢？三年不飞，一飞冲天；三年不鸣，一鸣惊人。”

之后楚庄王依然如故，甚至变本加厉，几乎不成体统。一位叫苏从的官员再也看不下去了，径直闯进宫对庄王说：“大王恐怕会像桀、纣一样招致国破身亡之祸啊！”庄王大怒，喝道：“你没有听到不准上谏的命令吗？难道你不怕死吗？”苏从昂着头说：“如果臣死能让大王振作起来，能让楚国强盛起来，那臣心甘情愿。”

庄王凝视着苏从，突然激动地说：“对了！这就是我要等的社稷栋梁之材。”接着立即斥退了舞姬妃子，与苏从促膝长谈。

第二天，庄王召集百官，任用了伍举、苏从等一大批德才兼备的大臣，罢免了一批只知逢迎的庸才，采取了许多强国富民的措施，楚国自此走向富强，楚庄王也成为“春秋五霸”之一。

楚庄王的“不鸣则已，一鸣惊人”，让我们看到了一种“狡猾”的生存与成功之道。在时机尚未成熟、条件也不具备的情况下装一回“傻”，才不会被别人小心提防，才能在暗处谋划全局。这种“装傻”并不是消极地明哲保身，而是为日后的大有作为奠定基础，在别人放松警惕的时候充实自身。当天时、地利、人和齐备之际，这些“装傻”的智者便会果断出击，而且一击即中，这时候，他们便不再需要“傻”的外壳来做掩护了。

将“挫其锐，解其纷”的战略运用得得心应手的代表人物还有中唐时期的郭子仪。

由唐玄宗开始，儿子唐肃宗，孙子唐代宗，乃至曾孙唐德宗，四朝都由郭子仪保驾。唐明皇时，安史之乱爆发，玄宗提拔郭子仪为卫尉卿，兼灵武郡太守，充朔方节度使，命令他带军讨逆，唐朝的国运几乎系于郭子仪一人之身。

在四朝更迭中，许多国难危急，都被郭子仪一一化解；天下无事时，皇帝担心其功高镇主，又命其归野。虽然朝中的文臣武将多半都是郭子仪的门生部属，可是一旦皇帝心存疑虑，他就马上移交权柄，坦然离去；等国家有难，一接到圣旨，他又毫无怨言，化解危难，所以屡黜屡起，四代君主都要倚重于他。

郭子仪将冲虚之道运用得挥洒自如，以雅量容天下，洞悉世情，汾阳郡王府更是长期敞开大门，连贩夫走卒之辈都能进进出出。郭子仪的儿子多次劝告父亲，而郭子仪语重心长地说：“我家的马，吃公家草料的有五百匹；我家的奴仆，吃官粮的有一千多人。如果我筑起高墙，不与外面来往，只要有人与郭家有仇，略微煽风点火，郭氏一族就可能招来灭族之祸；现在我打开府门，任人进出，即使有人想诬陷我，也找不到借口啊。”儿子们恍然大悟，都十分佩服父亲的智慧。

郭子仪晚年在家养老时，王侯将相前来拜访，郭子仪的姬妾从来不用回避。唐德宗的宠臣卢杞前来拜访时，郭子仪赶紧让众姬妾退下，自己正襟危坐，接待这位史书上记载“鬼貌蓝色”的当朝重臣。卢杞走后，家人询问原因，郭子仪说道：“卢杞此人，相貌丑陋，心地险恶，如果姬妾见到他，肯定会笑出声来，卢杞必然怀恨在心。将来他大权在握，追忆前嫌，我郭家就要大祸临头了。”果然，后来卢杞当上宰相，“小忤已，不致死地不止”，但对郭家人一直十分礼遇，完全应验了郭子仪的说法，一场大祸因此而免除。

郭子仪一生历经武则天、唐中宗、唐睿宗、唐玄宗、唐肃宗、唐代宗、唐德宗七朝，福寿双全，名满天下，年八十五岁而终，子孙满堂，所提拔的部下幕府中有六十多人终成将相。生前享有美好的名声，死后成为历史上为数不多“富”“贵”“寿”“考”俱全的名臣之一。历史上对郭子仪的评议：“功盖天下而主不疑，位极人臣而众不嫉，穷奢极欲而人不非之。”郭子仪私人生活十分奢侈，但上至政府，下至民间，没有一个人批评他，这也确实为古往今来第一人。

郭子仪的一生便是“挫锐解纷，和光同尘”的最好解读，做人如此，做官如斯，已是人中之极。一切了然于胸，世事尽收眼底，看透了富贵名利，自然能够长久屹立。

【原文】

良贾深藏若虚，君子盛德不显。持盈履满，君子兢兢，位不宜显，过显则危。柔之戒，弱也；刚之戒，强也。

【译文】

高明的商人会把财富深藏起来仿佛没有一样，君子拥有深厚的德行却不会向外展露。手持盛满的酒樽，穿着过紧的鞋，君子因而战战兢兢，不敢放任。位高者最好收敛一些光芒，不要表现得太过，过分显露就会遇到危险。柔软是好的品德，但切忌太过柔弱；刚强是值得推崇的，但也要提防过分强硬。

【点评】

世上聪明者甚众，但懂得韬光养晦的人却并不多。

老子强调“气也者，虚而待物者也。唯道集虚。”就是说，一个人要抛弃心中的得失成见，让心灵“虚而待物”，做一个谦谦君子。一个人要保持内心的纯净与空灵，就要做到庄子所说的“去知集虚”，在道家看来，只有这样才能摆脱尘世得失心的干扰，拥有快乐美好的人生。这些正是谦虚所带来的益处。相反，如果不够虚心，那就很有可能做出一叶障目、贻笑大方的事情。古往今来，因此闹过笑话甚至犯错误的人数不胜数，就连大才子苏东坡也有过这样的经历。

有一次，苏东坡去拜见王安石。当时王安石正在睡觉，他被管家徐伦引到王安石的东书房用茶。徐伦走后，苏东坡见四壁书橱紧锁，书桌上只有笔砚，再无他物。他打开砚匣，见到一方绿色端砚，砚池内余墨未干；方欲掩盖，忽见砚匣下露出纸角，取出一看，原来是两句未完的诗稿，为王安石写的《咏菊》。苏东坡拿起来念了一遍：西风昨夜过园林，吹落黄花满地金。

苏东坡哑然失笑。这诗第二句说的黄花即菊花，此花开于深秋，敢与秋霜鏖战，最能耐久，随你老来焦干枯烂，并不落瓣，说“吹落黄花满地金”岂不有误？苏东坡兴之所发，不能自已，举笔舐墨，依韵续诗两句：秋花不比春花落，说与诗人仔细吟。然后就告辞回去了。

不多时，王安石走进东书房，看到诗稿，问明缘由，认出苏东坡的笔迹，口中不语，心下踌躇：“屈原的《离骚》上就有‘夕餐秋菊之落英’的诗句。他不承认自己学疏才浅，反倒来讥笑老夫！”又想：“且慢，他原来并不晓得黄州菊花落瓣，也怪他不得！”随后叫徐伦取湖广缺官登记册来看。发现只有黄州府缺少一个团练副使。于是，便把苏东坡贬为黄州府团练副使。

苏东坡在黄州与蜀客陈季常为友。重九一日，天气晴朗，恰好陈季常来访，东坡大喜，便拉他同往后花园看菊。令他惊讶的是，只见满地铺金，枝上全无一朵，惊得苏东坡目瞪口呆，半晌无语。苏东坡叹道：“当初小弟被贬，只以为是王丞相公报私仇。谁知他倒不错，我倒错了。今后我一定谦虚谨慎，不再轻易笑话别人。唉！真是不经一事，不长一智啊！”

我们也经常犯苏东坡这样的错误，往往为自己思想中某些固有的成见所左右，继而对事物做出错误的判断。所以，做人一定要低调，要谦虚，不要为自己的成见所蒙蔽，对一切做想当然的理解。

人类的智慧可以认识世间的万事万物，却偏偏难以认识自己。因为不认识自己，所以自命不凡、性情狂妄，才会逃避，以致在自己的强项上马失前蹄；只有找准自己的位置，认清自己的角色，才不会迷失自我。

可惜的是，做出一点点成绩便飘飘然，这是许多人的通病。人们会因此而自我膨胀，以致不能认清自己的实力，丧失理智地去攀登永远无法逾越的高峰；最后，不但不会成功，还会搞得疲惫不堪，伤痕累累。

谦卑是一种无言却厚重的力量，它比骄傲更有力。一个人如果想在纷繁复杂的世间走好，有时谦恭比骄傲更有用处。

谦恭自守是一种人生的大智慧。有功之人甘居下位，保持谦虚是很难得的，这种人老百姓会心服口服。“居功而不自傲”、虚怀若谷、谦恭自守是一种美德，是一个人取得更大成功的保障。一旦你自视甚高，等待你的很有可能是惨重的失败。

自负其实是一种心理疾病，它绝对不能与自信画等号。自信的人对自我价值有积极的认识，他们坚强乐观，能笑对生活中的挫折和坎坷；自负的人只会过高地估计自我，狂妄自大，不懂适时收敛，最终将会跌进失败的深渊。

在孔子众多的弟子中，子路性格直率，为人鲁莽，很多时候不够谦虚，孔子常常因此而批评他。

有一次，子路、曾皙、冉有、公西华四个人陪着孔子闲聊。孔子问他们："你们平时总是在说：'没有人知道我呀！'那么我问你们，假如有人知道了你们，你们会怎么办呢？"孔子话音刚落，子路就抢先回答说："老师，如果那样的话，给我一个只有一千辆兵车且夹在大国之间，经常有外国军队来侵犯，甚至还连年灾荒的国家，我只需用三年的时间，就可以让那个国家人人勇敢善战，并且还懂得做人的道理，从此不再受欺负。"

孔子听了子路的话后，微微一笑，以表示对他的批评。接着说："我听说，治理国家要懂得礼让，可是，子路，你刚才说话的时候一点儿也不谦让，那么，你怎么能治理好国家呢？"

还有一次，孔子带着几个学生去庙里祭祀，刚进门就看见座位上放着一个引人注目的漆器，样子很怪。学生们看了后，都觉得新奇，便纷纷提出疑问。然而，孔子却没有回答，而是问寺庙里的人："您好！请问，这是什么器具啊？"守庙人一见这位老人谦虚有礼，便非常恭敬地说："回先生，这是放在座位右边的器具呀！"

于是，孔子仔细端详着那件器具，口中还不断地重复念着"座右、座右"，然后对学生们说："放在座位右边的器具有一个特点，空着的时候是倾斜的，装一半水时，就变正了，可是装满了水之后，它就又会倾覆了。”

听了老师的话后，学生们都非常惊讶。孔子看出了大家的心思，便问：“你们不相信吗？那我们试试吧！”

学生们打来了水，一试，果然如孔子所说，装满了水后，又变倾斜了。

看到这样的情况，子路率先发问了：“老师，有让它不倾斜的办法吗？”

孔子望了大家一眼，语重心长地说：“绝顶聪明的人，会用谨慎稳重保持自己的聪明；功誉天下的人，会用谦虚保持他的功劳；勇敢无双的人，会用谨慎保持他的本领……说的就是要用退让的办法来减少自满，就像这个器具一样，满的时候就会倾斜，不满的时候就是直立的……”

学生们听了这番含义深刻的话后，都被深深地打动了，尤其是子路，从中明白了很多道理。

事实往往就是如此，就像孔子说的那样，一旦满了，就会开始倾斜。我们做人也一样，如果一个人是自满的，觉得自己无所不能，什么事情都能够做到，那么，他肯定就会失去前进的机会了，看到新鲜事物也不会再去研究是怎么回事，而是想当然地认为自己什么都知道，于是随便给出一个自己认为还算满意的答案。这样，这个人就不能再进步了，甚至还会退步。这时的人，就相当于那个装满水的器具一样开始倾斜了，再也没有装一半水时的高度了。明白了这个道理，就应该知道谦虚和骄傲对人产生的作用。古人说过，“满招损，谦受益”，我们怎能不引以为戒呢？因此，一个人不管自己有多丰富的知识，取得了多大的成绩，或是有了何等显赫的地位，都要谦虚谨慎，以宽广的心胸博采众长，不断地丰富自己的知识，增强自己的本领，进而获得更大的业绩。如能这样，于己、于人、于社会都有益处。谦虚永远是成大事者所具备的一种品质，而只有浅薄者才会为自己的丁点儿成功自鸣得意。

忍之卷五

本卷主要讲述忍耐的重要性。与人相处懂得退让，自己身处困境懂得忍耐，不因环境的改变而改变自己的节操就终会走出困境，得到他人的尊重。

【原文】

和者无仇，恕者无怨，忍者无辱，仁者无敌。忍一言风平浪静，退一步海阔天空。心有忍，其乃有济；有容，德乃大。

【译文】

与人相处和善就不会产生仇恨，能够宽恕他人就不会积生抱怨，能在不利的环境中懂得忍耐，就不会遭受大的耻辱，仁义的人没有谁能够战胜。忍受一句不中听的话就能保持风平浪静，处境艰险时退后一步或许就能海阔天空。人一定要懂得忍耐，这样才能获得成功；有容人容事的雅量，德行才能变得卓尔不群。

【点评】

众所周知，越王勾践卧薪尝胆十年，只为最后复仇。当勾践在和吴王夫差的交战中大败时，出于保存实力的考虑，勾践向吴王夫差称臣乞和。作为一国之君，这是他的无奈之举。可是接下去该怎么办呢？是就这样俯首称臣，眼睁睁地看着大好河山被别人占据着；还是立即发兵，夺回国土，夺回一个国王的尊严？

勾践是明智的，他知道吴越之间实力悬殊，如果立即发兵的话，无异于以卵击石，换来的只能是更加惨痛的失败和更多的伤亡。但是，亡国之耻又不能不报，因此，勾践选择将亡国之恨深深地藏在心底，养精蓄锐以获得更大的战斗力。他知道，君子报仇，十年不晚。

在这忍辱负重的十年里，勾践与民同住，与民同衣，体察民情以聚敛人心；同时又用西施麻痹夫差，换取更多的时间。这都是在为成功做好充足准备。最终，三千越甲吞下了整个吴国，十年的准备换来了一朝的成功。

勾践的确深谋远虑，他懂得在自己实力不够的基础上保存实力，而不是选择冒险。在保存实力的同时，勾践还懂得养精蓄锐，积累力量，为进攻做准备。

善于忍耐伏藏和以柔克刚，是事业成功、克敌制胜的关键。一个不懂得忍耐的人，即使能力再强、智商再高也难以战胜敌人，因为以暴制暴从来都不是最好的解决办法。有时故意示弱，反而能更快地解决问题。

一个人做事容易急躁，惯于冒险，不懂得忍耐、克制情感，那他就只能是有勇无谋的匹夫之辈；真正勇敢的将帅都知道怎样克制无谓的小人之勇，能够忍住一时的激愤和冲动，待时而动并最终获胜。面对刺激和羞辱，一旦屈从了内心的小勇，不能忍耐和自我克制，势必就会中了对手的计策，而致使全军覆灭。

敢于冒风险的人，确实具有勇敢精神。但冒险的前提必须是以智为主，智勇相济；而不是轻视敌人，轻举妄动，逞一时之勇。面对紧急情况，如果不动脑筋，不运用谋略，只知道硬碰硬，那是不会有什么好结果的，最终将导致自己的失败。

有的人徒有匹夫之勇，尽管表面上勇猛可怕，但往往头脑不冷静，很容易被有心的人利用。

具有大智慧的大勇之人，都有高度的自制力和忍耐力，他们遇事沉着冷静，不轻易与对方动手，而是仔细分析后才采取行动，让问题能够圆满解决。

【原文】

千尺之松，不蔽其根者，独立无辅也；百里之林，鸟兽群聚者，众木威济也。故贤者聚众而成事，恕众而收心。宁让人，勿使人让我；宁容人，勿使人容我；宁亏己，勿使我亏人。此君子之为也。

【译文】

千尺高的松树不会舍弃它的庞大根系，如果没有根基支撑它就难以立足。百里的树林之中，各种禽鸟兽类共同聚居，是因为许多树木互相帮衬。所以，贤德的人能够聚集众人的力量共同做事，宽恕众人的错误而收服人心。宁愿主动地礼让他人，也不要让别人主动对自己礼让；宁愿主动包容别人，也不要让别人来包容自己；宁愿自己吃亏，也不要让他人受到亏欠。这些就是君子的作为。

【点评】

“水至清则无鱼，人至察则无徒”，为追逐利益而到处奔波是人之常情，也是生存之常理，如果能适时出让利益，往往可以聚拢人心，得到更多人的支持。真正的智者，大多不在乎表面上吃点小亏，他们更看重实质性的“回报”，毕竟与人小方便，就是与己大方便。

生活中有很多人目光只会停留在眼前利益上，无论做什么都不舍一分一厘，只求自己独吞利益，常常因一时赚得小利，而不顾长远之大利，可谓捡了芝麻丢了西瓜。这个世界上，谁都不愿意做亏本的生意，但是最先尝到甜头的人未必到最后也饱尝硕果，反而最先吃亏的人往往占了最后的大便宜。所以能适时主动让利，其实是做人的一种境界，也是处事的一种睿智。

与人方便就是与己方便，在人生中，将别人渴望的东西主动送上门去，能免愤恨、招感激，为自己赢得一份宝贵的人情，给自己以后的人生留下余地。

故意吃亏不是亏，而是有着深谋远虑的精明之举。利益面前，如果能顺应人情，放弃一些不重要的小节，不但利于人际关系的和谐，而且能建立良好的声誉，而声誉是无形的资产，终有一天会给你带来回报。

无论在哪个领域，都会面临许多竞争，都会面对不知如何进退取舍的情况。这时，能够高歌猛进当然最好，但如果与对手相比，自己在各方面都处于劣势，那该怎么办呢？硬拼？可能是鸡蛋碰石头，自取其辱而已！聪明人在这个时候就会选择糊涂一时，这才是上策。

李泌是中国历史上著名的布衣宰相。玄宗天宝年间，隐居嵩山的李泌上书玄宗，议论时政，颇受重视，但也遭到了杨国忠的嫉恨，毁谤李泌讽喻朝政，李泌因此被排挤出京，索性“潜遁名山，以习隐自适”。

肃宗灵武即位后，李泌就一直在肃宗身边，为平叛出谋划策，虽未身担要职，却“权逾宰相”，招来了奸臣嫉恨。收复京师后，为了躲避不测之祸，李泌便立即引退，进衡山修道。代宗刚一即位，又强行将李泌召至京师，任命他为翰林学士，使其破戒入俗，李泌顺其自然。当时的权相元载深感威胁，寻到一个莫须有的罪名，又将李泌逐出。后来，元载被诛，李泌又被召回，却再一次受到重臣常衮的排斥，再次离京。建中年间，泾原兵变，身处危难的德宗又把李泌召至京师。

李泌屡蹶屡起、屹立不倒的原因，在于其无为的处世之道和豁达的心态。其行入世，其心出世，所以社稷有难时，义不容辞，视为理所当然；国难平定后，全身而退，没有丝毫留恋。李泌已达到了顺应外物、忘我无己的境界，一如儒家所言“用之则行，舍之则藏”。“行”则建功立业，“藏”则修身养性，出世入世都充实而平静。

无论在何处，李泌都能做到用之则行，舍之则藏；既未辱身，又建功业于天下，诚如现代学者梁漱溟所言之“人生实践上之自主、自如”。

【原文】

与人当宽，自处当严。不制怒，无以纳谏，不从善，无以改过。不期而遇，时也，无利而助，诚也，助而无怨，是为君子之德。

【译文】

同别人相处应当包容别人，独处就应该严格要求自己。不能克制自己的愤怒，就不可能真心接受他人意见；不听从他人的好言规劝，就不可能改正错误。没有特别约定却突然相遇，这是时机到来了，不因任何利益去帮助别人，这就是真诚的表现。帮助他人却没有任何怨言，这就是君子的德行。

【点评】

如今有种观点：高官不如高知，高知不如高薪，高薪不如高寿，高寿不如高兴。的确，人活在世界上，心情愉快比什么都好。那么，怎样才能时时刻刻都高兴呢？关键在于学会给予和付出。

人与人之间的奉献一直感动着我们，那一份深沉的人间真情久久地温暖着每一颗尘封已久的心。当心与心之间产生共鸣时，心灵浸润其中，不由得会获得一种温情，而原本覆盖着的灰尘也随之被涤荡得没有了影踪。长此以往，心灵就会变得超脱，并找到通往精神家园的路。

古时候有这样一则传说：

一个男子坐在一堆金子上，伸出双手，向每一个过路人乞讨着。

吕洞宾走了过来，男子同样向他伸出了双手。

“你已经拥有了那么多的金子，难道你还要乞求什么吗？”吕洞宾问。

“唉！虽然我拥有如此多的金子，但是我仍然不幸福，所以我乞求更多的金子，我想还乞求爱情、荣誉、成功。”男子说。

吕洞宾从口袋里掏出他需要的爱情、荣誉和成功，送给了他。

一个月之后，吕洞宾又从这里经过，那男子仍然坐在一堆黄金上，向路人伸着双手。

“你所求的都已经有了，难道你还不满足吗？”

“唉！虽然我得到了那么多东西，但是我还是不满足，我还需要快乐和刺激。”男子说。吕洞宾便把快乐和刺激也给了他。

一个月后，吕洞宾从这里路过，见那男子仍然坐在那堆金子上，向路人伸着双手——尽管此时的他已有爱情、荣誉、成功、快乐和刺激陪伴。

“你已经拥有了你所希望拥有的，你还有什么不满足的呢？”

“唉！尽管我拥有了比别人多得多的东西，但是我仍然不能感到满足。老人家，请你把满足赐给我吧！”男子要求道。

吕洞宾笑道：“你需要满足吗？那么，请你从现在开始学着付出吧。”

吕洞宾一个月后又从此地经过，只见这男子站在路边，他身边的金子已经所剩不多了，他正把它们施舍给路人。

他把金子给了衣食无着的穷人，把爱情给了需要爱的人，把荣誉和成功给了惨败者，把快乐给了忧愁的人，把刺激送给了麻木不仁的人。现在，他一无所有了。

看着人们接过他施舍的东西满含感激而去，男子笑了。

“现在，你感到满足了吗？”吕洞宾问。

“满足了！满足了！”男子笑着说，“原来，满足藏在付出的怀抱里啊！当我一味乞求时，得到了这个，又想得到那个，永远不知什么叫满足；当我付出时，我为自己人格的完美而自豪、满足，为我对人类有所奉献而自豪、满足，为人们向我投来感激的目光而自豪、满足。”

是啊，即使你拥有金山、银山，拥有至高的荣誉，拥有令人钦羡的爱情，也不一定会感到满足；但当你学会给予和付出之后，你却能轻而易举地达到这一境界。

一个人如果失去了爱和给予的能力，他的人生也会异常黯淡。给别人以帮助和鼓励，自己不但不会有损失，反而会有所收获；并且，通常一个人给别人的帮助和鼓励越多，从别人那儿得到的也就越多。

很多道理我们懂得，却无法奉行；很多事情我们明白，却不会去做。有些时候，不是我们的智慧不足，而是决心不够。

写下“离离原上草，一岁一枯荣”的白居易对佛学颇有研究。一次，他听说有位禅师修行很高，便动身前去请教。

白居易问禅师：“怎样才能修行成佛呢？”

禅师答道：“诸恶莫作，诸善奉行。”

“这个道理谁都明白。”白居易皱着眉头，很不满意这个答案。

禅师微笑地看着他，说：“谁都明白的道理，又有几人做得到呢？”

白居易恍然大悟，恭敬地退下了。

弘一法师曾说：“至于做慈善事业——尤要！既为佛教徒，即应努力做利于社会之种种事业。”他在世时最常对弟子们说的一句话便是：“遇谤不辩。”岂止是不辩？有时候为了行善，一些禅师宁愿自我诽谤。

一个强盗拜访一位得道的禅师，他跪在禅师面前说：“禅师，我的罪过太大了，很多年以来我一直寝食难安，难以摆脱心魔的困扰，所以我才来找您，请您为我澄清心灵。”

禅师对他说：“你找我可能找错人了，我的罪孽可能比你的更深重。”

强盗说：“我做过很多坏事。”

禅师说：“我曾经做过的坏事肯定比你做的还要多。”

强盗又说：“我杀过很多人，只要闭上眼睛我就能看见他们的鲜血。”

禅师也说：“我也杀过很多人，我不用闭上眼睛就能看见他们的鲜血。”

强盗说：“我做的一些事简直没有人性。”

禅师回答：“我都不敢去想我以前做过的那些没人性的事。”

强盗听禅师这么说，便用一种鄙夷的眼神看了禅师一眼，说：“既然你是这么一个人，为什么还自称为禅师，在这里骗人呢？”说完，他便起身，一脸轻松地下山去了。

等到那个强盗离去以后，禅师的弟子满脸疑惑地问禅师：“师傅，您为什么要这样说啊？您一生中从未杀过生。您为什么要把自己说成是个十恶不赦的坏人呢？”

禅师说道：“你难道没有从他的眼睛中看到他如释重负的感觉吗？还有什么比让他弃恶从善更好的呢？”

行善之人，从不贪图回报，这是一种大善；如果贪图回报，则与不行善没什么分别。

【原文】

容人者人容，治人者人治。狭路行人，让一步为高，酒至酣处，留三分最妙。

【译文】

能够宽容地对待他人的人，别人也会同样包容他；整治他人的人，别人也会因此而整治他。狭路相逢时，能够退一步让别人先行，就是高尚的行为。喝酒喝到开心的时候，留下三分余地最是妙。

【点评】

万事不可做绝。不预留后路，就是把自己逼进了死胡同，日后即使想变通也无路可走了。世事无常，谁都不能预料未来会发生什么，趁早给自己留条后路，出现变动时也不至于束手无策。

宽容，是胸襟博大者为人处世的一种人生态度。蔺相如的宽容换来了流芳百世的将相之和，智者也总会用宽容这把利剑斩断冤冤相报这扯不完的羁绊。反之，没有宽容的世界，永远也不会有幸福和宁静。正因为如此，我们才更应该做到“凡事包容，凡事相信，凡事盼望，凡事忍耐”。

《红楼梦》中的平儿是凤姐儿的心腹和左右手，但在待人处事方面，她并不唯凤姐儿马首是瞻，也不会把其他人不放进眼里。她始终注意为自己留余地、留退路，绝没有犯凤姐儿所说的“心里头只有我，一概没有别人”的错误，更不像凤姐儿那样把事做绝。平儿对下人从不依权仗势，趁火打劫，而是经常私下进行安抚，加以保护。一方面缓和化解众人与凤姐的矛盾，另一方面顺势做了好人，使众人在凤姐和她的对比之中，对她更有感激之情，为自己留出了余地和退路。凤姐死后，大观园一片败落，本是凤姐“党羽”的平儿却多次获得众人帮助渡过难关，终得回报。

历史的经验和文学名著中人物的结局都告诉人们一个道理：在待人处世中，万万不可把事做绝，要时时处处为自己留下可以周旋的余地，就像行车走马一样，一下子走到山穷水尽的地方，调头就不容易。正如常言所说："过头饭不可吃，过头话不可讲。"

传说猫曾做过老虎的老师，教它发威、怒吼、卷尾、剪、扑等多种技能，但猫思虑老虎体积比自己大，若日后它欲反扑该怎么办，遂保留了一手爬树的技巧。果然，老虎不久就翻脸了，欲扑食猫老师，猫老师"嗖"地蹿上树顶，老虎只能抬头张望。

"凡事留一线，他日好相见"这句老话，也体现出为人处世的中庸之道。做事情不可做得太极端，话不可说得太满。我国古代有个叫李密庵的学者，写过一首《半半歌》，诗云："饮酒半酣正好，花开半时偏妍，半帆张扇免翻颠，马放半鞭稳便。半少却饶滋味，半多反厌纠缠。百年苦乐半相掺，会占便宜只半。"这首诗说的就是凡事要留有余地，不要不给自己和别人退路。凡事留有余地，给自己的自由度就增加，进也可、退也可，亲也可、疏也可，上也可、下也可，这体现了一种立身处世的艺术。

因而，做事之前考虑一下退路，说话之时留点回旋的余地，受益最多的人将是自己。要知道物极必反，那些极端、绝对的为人处世方法可能会伤人害己。

中国人办事讲中庸之道：不偏不倚、不左不右、折中调和、不走极端。在为人处世时，按照中庸之道严格要求自己，办事知道节度，不走极端，往往都能通行无阻，马到功成。

颜回是孔子的一个得意门生。有一次，颜回看到一个买布的和卖布的在吵架，买布的大声说：“三八二十三，你为什么收我二十四个钱！”颜回上前劝架，说：“是三八二十四，你算错了，别吵了。”那人指着颜回的鼻子：“你算老几？我就听孔夫子的，咱们找他评理去。”颜回问：“如果你错了怎么办？”答：“我把脑袋给你。你错了怎么办？”颜回答：“我把帽子输给你。”两人找到了孔子。孔子问明情况，对颜回笑笑说：“三八就是二十三嘛，颜回，你输了，把帽子给人家吧。”颜回心想，老师一定是老糊涂了，只好把帽子摘下。那人拿了帽子高兴地走了。后来孔子告诉颜回：“说你输了，只是输一顶帽子；说他输了，那可是一条人命啊！你说是帽子重要还是人命重要？”颜回恍然大悟，扑通跪在孔子面前：“老师重大义而轻小是非，学生惭愧万分！”

这种宽厚与容忍绝对不是争斗的小人能够做到的。明知对方错了，却不争不斗反而认输，虽然自己吃点小亏，但使别人不受大损。不重表面形式的输赢，而重思想境界和做人水准的高低，这样的人其实活得很潇洒。

当你对别人宽容时，其实也是对你自己宽容。明明是对方错怪了你、欺骗了你、伤害了你，而你的心中却没有怨恨。看到这里，也许你会问：对坏人也宽容？正确的回答是：你不以牙还牙，这就是宽容。

所以，要让自己快快乐乐地生活在充满爱的世界里，自己首先要做一个宽宏大量的人。要真正做到宽容并不容易，如果你心里有恨和苦，你就宽容不了他人；或者，如果你认同宽容是很高尚的行为，不过难以时时做到，你就应该远离品头论足的人。这样一来，随着时间的推移，你会发现，你的宽容多了，你心里的喜乐也多了。

给别人留有余地，就是给自己留后路，即使是敌人，也不必将其置于死地。每个人都会有在悬崖边上的经历，换位想想此时你的处境，就不会再把别人往悬崖下面逼了。凡事都不要把别人往死里逼，而应有一颗宽容之心，得饶人处且饶人。如果做事太过分，没有分寸，只想着把对手往悬崖下逼，那么，先掉下悬崖的往往是你自己。真正打败对手不是让其消失或将其逼向绝路，而是让其变成自己的朋友。这是一种生存的大智慧，也是一种豁达的处世态度。

世事无常，万事多留些余地，对别人多些宽容。这是一条重要的做人准则。在你留有余地的同时，别人也会因此而受益匪浅。

信之卷六

本卷主要论述诚信的重要性。虚伪诡谲虽能迷惑一时，但终究不能长久，无论求学、与人交往还是自我修养，都要秉持诚信的原则。诚信虽看似笨拙，但也是仅有的一条正途，可以让人最终学有所成，德行提升，获得人心。

【原文】

宽则得众，恭者宜人，信则信人，敏者功成。厚德可载物，拙诚可信人。忠信谨慎，此德义之基也；虚无诡谲，此乱道之根也。

【译文】

为人宽厚能够得到众人的拥护，对人恭敬能够让人心汇聚，为人诚信能让别人心生信服，机敏的人能够获得种种成功。道德足够深厚就可以承载万物，看似笨拙的诚恳能够获得他人的信赖。忠诚、诚信、严谨、慎言，这些都是道德仁义的基础；而虚伪、狡诈、善变、古怪，都是祸乱世道的根本。

【点评】

诚实，就是表里如一。忠诚正直，即忠诚老实，就是忠于事物的本来面貌，不隐瞒自己的真实思想，不掩饰自己的真实感情，不说谎，不作假，不为私利而欺瞒别人。古人言，“言必信，行必果”“一言既出，驷马难追”，这些古话都形象地表达了中华民族诚实的优良品质。如今，诚实更是现实生活中维系人与人之间亲密关系的纽带。

诚实是做人之本，是一种至高无上的美德，是中华民族的优良传统。在人生的漫漫长路中，诚实就像是一盏明灯，指引着我们走向成功之路。现实生活中，只有每个人都拥有诚实的品质，践行诚实的美德，人与人之间才能相互信任，相互交流，搭建起友谊的桥梁。

我国著名的教育家、思想家孔子就曾经说过：“人而无信，不知其可也。”意思是说：做人却不讲信用，我不知道那怎么可以，意指诚实是做人的基本道德。孔子《论语》中述说过：“知之为知之，不知为不知，是知也。”意思是：知道就是知道，不知道就是不知道，这是聪明的表现。意指在学习中也应该重视诚实。

在秦朝末年有一个叫季布的人，他一向说话算数，在当时社会上的信誉非常高，许多人都非常崇拜他，也非常相信他，而且同他建立起了深厚的友谊。当时民间甚至流传着这样的谚语：“得黄金百两，不如得季布一诺。”

后来秦朝灭亡后，他因故得罪了汉高祖刘邦，于是刘邦悬赏黄金百两全国捉拿他。他的朋友只要把他抓住献给刘邦，就可以得到百两黄金作为奖励，结果他那些昔日的朋友不仅不被重金所惑，而且纷纷冒着被灭九族的危险来保护他，最终刘邦也没有抓到季布。

由此可见，一个人诚实有信的人，自然能获得朋友的尊重，这就是俗话说的“得道多助”。反过来，如果一个人或者一国之君因贪图蝇头小利，而失信于自己的朋友或者是人民，表面上看好像是暂时得到了“实惠”，但是从长远来看，为了这点实惠，他毁了自己的声誉，这无疑是一种惨重的损失。所以，失信于朋友，无异于丢了西瓜捡芝麻，从长远看是得不偿失的。

有人因为诚实而在关键时刻挽救了自己的性命，也有人因为失信于人而吃亏，甚至因此而丢掉了自己的生命。

古时候，济阳城有个商人非常小气而且不守信用。有一次过河时船沉了，他在水里冲着岸上的渔夫大声呼救。有个渔夫听到后马上赶了过来，这个商人急忙喊：“我是济阳城最大的富翁，谁若能救我，我给你一百两金子作为感谢”。但是被渔夫救上岸后，这个小气的商人竟然翻脸不认账了，他只给了渔夫一两金子。渔夫很不高兴，责怪他不守信用，出尔反尔。富翁不屑地说：“你就是一个打鱼的，一辈子才能挣几个钱啊，我给你这一两黄金有什么不可满足的？”渔夫也拿他没有办法，只好离开了。没想到过了一段时间，这个小气又不守信用的富翁又一次在那个地方翻船了。有个渔夫想去救他，那个曾被他骗过的渔夫说：“他就是上次那个说话不算数的人。”另一个渔夫听了很是生气，便没有救他。于是这个商人最后被淹死了。

一个人不守信用，迟早会失去别人对他的信任，就像上面的故事一样，一旦他处于困境，很可能就没有人再愿意出手相救了。所以孔子说：“人而无信，不知其可也。”失信于人者，一旦遭难，也就只有坐以待毙了。

纵观古今，因诚信而成功的人比比皆是，而败落在诚信脚下的人也是数不胜数。在物质生活非常发达的现代社会中，面对那么多的诱惑，做到诚实守信是比较困难的事情；但是如果你愿意用自己的信心，用发自心底的责任心和尊严去信守，那么，最终我们会发现，这样的坚守对于我们的成功是值得的，而且是必要的。

【原文】

践行其言而人不信者有矣，未有不践言而人信之者。巧伪似虹霓，易聚易散；拙诚似厚土，地久天长。自谋不诚，则欺心而弃己；与人不诚，则丧德而增怨。

【译文】

践行了自己的诺言也有会人不相信你说的话，但不亲自实践别人就更不会相信。巧妙的伪装就如同晚霞和彩虹一般，容易聚拢也容易飘散；而看似笨拙的诚实却如同厚重的大地一样，能够天长地久。为自己谋利却不遵照真实的情况，这是自欺欺人，最终会使别人抛弃自己；与人相处不诚实，就会丧失德行而增加别人对自己的怨恨。

【点评】

在现实生活中讲信用、守信义，是立身处世之道，也是一种高尚的品质和情操。它既体现了对人的尊敬，也表现了对自己的尊重。

诺言能否兑现不仅在于自己是否努力，还有其他客观因素。有些在正常情况下可以办到的事，后来由于客观条件起了变化，一时办不到，这种情况是有的，因此我们在朋友面前不要轻率地许诺。而有的事，明知办不到，就应向朋友说清楚，要相信朋友是通情达理的，是会体谅的，千万不要打肿脸充胖子，在朋友面前逞能，轻率许诺，万一事情没成，不但得不到友谊和信任，反而会失去朋友。

原百事可乐公司总裁卡尔·威勒欧普就是个信守诺言的人。

快下班时，卡尔·威勒欧普接到市长邀请他参加晚宴的电话，他毫不犹豫地谢绝道："很抱歉，我已经答应今天晚上陪我的女儿过生日，我不想失约。"

走出办公大楼，卡尔给女儿买了生日礼物，驱车直奔市中心新开业的游乐园，去那里与妻子一道为女儿过生日。

卡尔正兴致勃勃地看着女儿吹灭红红的蜡烛并开始切分蛋糕，这时他的助理急匆匆地赶来了。他把卡尔叫到旁边，小声汇报——有一个本公司非常重要的客户，很想在这个晚上与他见一面。

"可是，我已答应了女儿，今天整个晚上都陪在她身边。"卡尔面露难色。

"客户此前确实没有预约，他只在此地做短暂的停留，是临时决定要拜见总裁的……"助理委婉地建议道。

卡尔没有犹豫，他转身告诉助理："我觉得我还是应该留下来陪女儿，你去接待一下客户，并替我转达真诚的歉意，跟他约好时间，届时我会亲自登门拜访。”

“卡尔先生，您是不是先去……”助理想提醒总裁，这个客户实在太重要了，丝毫不能得罪，要不然他也不会匆匆地找来了。

“不，我已说过，我不想做一个失约的父亲。今天晚上，市长的宴请和客户的约见，确实都很重要，但我一个月前向女儿许下的承诺更重要，谁都不能改变我做出的承诺。”卡尔一脸的坚定，让助理打消了继续劝说的念头。

第二天，卡尔上班做的第一件事，就是打电话向那位客户道歉。客户非但没有生气，反而由衷地赞叹道：“卡尔先生，其实我要感谢您啊，是您用行动让我真切地记住了什么叫作一诺千金。我明白百事可乐公司兴旺发达的真正原因了。”此后，卡尔和这位客户成了非常亲密的合作伙伴，甚至在公司遭遇最大困难的时候，也不曾动摇对彼此的信任。

为人处世，信守诺言是非常重要的。办事要量力而行，许诺也要量力而行，我们不可轻率就许下诺言，而一旦许诺就一定要兑现。

【原文】

修学不以诚，则学浅；务事不以诚，则事败。友者，温不增华，寒不改叶，富不忘旧，历夷险而益固。坚石碎身，其性不易，君子素诚，其色不改。

【译文】

修习学问不保持内心诚实，求得的学识就会浅薄；做事不能保持专心诚意，就一定无法将事情做好。真正的朋友，亲近时他不会给你增加世俗的虚荣，远离时不会改变对你的情谊，富贵时不会忘记过去的朋友，经历困苦患难会让情谊更加坚固。坚硬的石头被砸成碎块，它们的本质并没有发生改变；君子始终保持着诚意正心，无论发生什么，脸色也不会因此而改变。

【点评】

每个人的生活都离不开友谊，但要获得真正的友谊并不容易，它需要我们用忠诚去播种，用热情去灌溉，用原则去培养。

常说，人生得一知己足矣！其实能患难与共的朋友才是人生的知己，也才是真正的朋友。那些平日里呼朋引伴，大难临头就各自飞的人如何能算得上朋友呢？

朋友之间应坦诚相待、患难与共。常说患难见真情，当你遭遇困难时能够伸手拉你一把，给你帮助，让你渡过难关的人才是真正的朋友，你们也会因此结下深厚的友谊。这样的朋友是难能可贵的，我们必须给予他们足够的真诚和信任。真诚是朋友相处的基本原则，而对患难与共的朋友更应该坦诚相待。

有句至理名言：“在一起共过很多患难的人，其友谊才称得上牢不可破。”真正的朋友应相互帮助、相互信赖，并且要彼此坦诚。

有这样一个故事：

一户人家搬家时，在杂物堆里看见了奇特的一幕：一只老鼠咬住了另外一只老鼠的尾巴，它们像手拉手横过马路的孩子一样大摇大摆。这时，有人喊了一声："后面那只老鼠是个瞎子！"大家定睛望去，后面那只老鼠的头部鼓着个瘤子似的东西，两只眼睛被挡住了，变成了一只盲鼠。

大家轻叹着，一瞬间就明白了眼前发生的一切——大祸临头，那只健康的老鼠不忍丢下可怜的同伴，就把自己的尾巴送到同伴的嘴里，引着它脱离险境。看着这温馨的一幕，人们的心都被触动了，不由自主地放下手中的木棒，为它们让出了一条"生命通道"。

爱心是善举的火源，它点亮的不仅是人们的生活，还有人类心灵的旅途。真正的友谊是在困难的境况中修成的，身陷患难仍能帮助你的人，才是真正的朋友。

传说春秋战国时，吴楚交界处有一个非常关键的军事要塞叫溧水，那里有一个"义气墩"，记录了一个非常感人的故事。

当时燕国有两个人，一个叫左伯桃，另一个叫羊角哀。他们是很好的朋友，听说楚国招纳贤人，两人就结伴去楚国。

衣衫单薄的他们走到一个叫刘村的地方时，遇到大风雪，干粮即将吃完，周围又荒无人烟。左伯桃担心继续走下去，两人不是被冻死，就是被饿死，于是寻思把自己的东西和羊角哀的合在一起给一人用，这样或许还能让一个人活下来。羊角哀也同意左伯桃的话，但两人谁也不肯眼睁睁地看着另一个人死掉，各不相让只好作罢。第二天醒来，羊角哀发现身上盖着左伯桃的衣服，旁边还放着左伯桃的干粮，却不见其踪影。后来他发现，左伯桃已经冻死在附近的一个树洞里。羊角哀只好把树洞封好，做了标志，一边抹泪一边出发。

到了楚国后，羊角哀很受楚王的器重，被封为大将军，但他心里一直牵挂着好友左伯桃，就把他们的故事告诉了楚王，请求去拜祭左伯桃。楚王深为感动，当即批准。羊角哀找到树洞并把左伯桃安葬好后，就露宿在附近。夜里听到厮杀声，左伯桃托梦告诉他，附近的荆将军经常欺侮自己。天明，羊角哀想去拆荆将军庙，但遭到当地土人的反对。第二夜，他又听到厮杀声，不忍好友受欺，就自刎前去帮战。在得知具体经过之后，当地人很受感动，就把两人的尸首合葬在一处，取名“义气墩”，世代相传。

晚清重臣曾国藩在朋友遇到困境时，也总是会雪中送炭，伸出援助之手。他在给澄弟的信中说：昨天命令李翥汉回湖南，送给罗家二百两白银、李家二百两白银、刘家一百两白银。他们过去都是与我共过患难的，朋友之间最可贵的就是在困难的时候能够互相帮助。

曾国藩是这么说的，也是这么做的。他在命令容闳筹办江南机器制造总局的时候，由于遇到重重困难，就亲笔书写“患难”两字与容闳共勉，希望两人成为患难与共的至交。后来，容闳定居美国，西方友人愿以十万美元买下这幅字，容闳断然拒绝了。

古今中外，有关患难的故事有很多，“朋友与熊”的寓言想必大家也都很熟悉，它讲的就是一个患难见真心的故事。

两个平时关系非常要好的朋友一道去山里游玩。两人在途中突然遇到一只熊，其中的一个立即闪电般地抢先爬上树躲了起来，另一个眼见逃生无望，急中生智，马上躺倒在地上，屏住呼吸，假装死了。因为他听人说过，熊从来不吃死人。熊走到他跟前，试探了一下，以为他已经死了，就转身走了。躲在树上的人见熊已走远，便爬了下来，问熊在他耳边说了些什么。那人回答说：“熊告诉我，今后千万注意，别和那些不能共患难的朋友一起同行。”

在结交朋友时，诚信也同样重要。

人不一定要有很多朋友，却一定要有一位可深交的真正的朋友。如果将那些别有所图的、不可深交的人分类到可深交的朋友当中，只会令自己深受其害。

从前有一个喜好广交天下豪杰的人，临终前对他儿子讲：“别看我自小在江湖闯荡，结交的人很多，其实我这一生就交了一个朋友，其他都不值一提。”

儿子纳闷不已，他的父亲就贴在他的耳朵边交代了一番，然后对他说，你按我说的去见见我的这些朋友，朋友的含义你自然就会懂得。

儿子先去了他父亲认定的朋友那里，对他说：“我是某某的儿子，现在正被朝廷追杀，情急之下投身你处，请予以搭救！”这人一听，不假思索，赶快叫来自己的儿子，喝令儿子速速将衣服换下，穿在眼前这个并不相识的“朝廷要犯”身上，却让自己儿子穿上了“朝廷要犯”的衣服。

儿子又去了父亲的其他几个“朋友”家。这些人平素与父亲称兄道弟，亲如一家，可当他们弄明白儿子的来意时，都吓得面如土色，找个借口溜走了事。

儿子终于明白，真的朋友是能够在你最危急的时刻伸出援手的那个人；而那些在你春风得意之时与你交好的人往往会在紧要关头丢下你。朋友也分“三六九”，如果把虚情假意的人当作真心朋友，总有一天会受到他们的伤害。

如果仅仅只是虚情假意倒也罢了，怕的是识人不清，误交损友，那后果将严重得多。那么，如何认清人，交到益友呢？其实，每个人都有自己的缺点和不足之处，有些缺点是可以接受和宽容的，但有些缺点是不可接受的，特别是涉及到人的本质问题时绝对不应妥协。总而言之，本质有问题的人不可交。

《论语》里关于交友讲到，益者三友：友直，友谅，友多闻；损者三友：友便辟，友善柔，友便佞。意思是，与正直的人交朋友，与诚信的人交朋友，与知识广博的人交朋友，是有益的；与谄媚逢迎的人交朋友，与表面奉承而背后诽谤人的人交朋友，与善于花言巧语的人交朋友，是有害的。

不能共患难的朋友绝不是真正的朋友。真正的朋友就像雨中的一把伞，就像雪中的一捧炭，总会在我们苦难交加的时候伸出那暖烘烘的援手。

【原文】

夫信天地之诚，四时生焉，春华秋实；夫信人之诚，同尔趋之，霸业兴焉。君子不失信于人，不失色于人。君子行法，公而忘私；小人行贪，囊私弃公。

【译文】

相信天地之间的诚意，四季更迭交替，春天开花秋天就能结果；相信人心的诚意，就能为了一个目标共同进退，进而成就霸业。君子不食言，也不会在别人面前失态。君子按照法度办事，做事讲究公道，会忘记私心；小人贪图私利，中饱私囊便忘了集体的利益。

【点评】

感人心者，莫先乎情。情感具有很强的感染力，其中以“诚”最为动人。心怀诚意的人，总能轻易和别人产生心灵的共鸣，获得他人的心理认同。

人非草木，孰能无情。三国时期，刘备就是以诚对待身边将士的，让众多能臣名将以死相报，舍命相随。战国的军事统帅吴起，与士兵同甘共苦，战士长疮流脓，他竟用嘴去吸脓。这种感人的举动激发了军队的士气，让将士们在战场上能英勇杀敌，对吴起更是誓死追随，一片忠心。

唐太宗李世民也很懂得以诚服人，因而笼络住了许多英雄豪杰的心，使他们乐于听命，生当陨首，死当结草。

有一次，李绩得了暴疾，太医诊断后说，只有用胡须烧成灰做成药引，才能治疗这种病。李世民听说后，立刻剪下自己的胡须，为李绩配药。感动得他磕头都磕出血了，不住地哭泣致谢。

还有一次，李绩陪李世民吃饭，李世民对他说："我仔细考察了群臣，想找一个可以托孤的大臣，发现没有比你更合适的了。你过去不负李密，现在自然也不会辜负我。"李听了，流泪辞谢，与李世民喝了个一醉方休。见到李绩喝醉后，李世民又把自己的龙袍脱下来，盖在了他的身上。

李世民对李的器重以及情感攻心之道的运用，成功地收获了李的忠心，使其后来尽力辅佐李世民治国，为大唐的繁荣立下了不可磨灭的功勋。

为人处世，有多少真情，就换来多少忠诚；懂得用心交往、以柔取胜，往往能达到意想不到的良好效果。李世民作为天子，能够将古人认为"身体发肤受之父母"的胡须亲自剪下给大臣合药，仅这一个举动，就比高官厚禄的赏赐更能获得人心。

曲之卷七

本卷主要论述“以曲胜直”的处世之道。水流、道路等因能弯曲而长久，人因能屈能伸而保存实力。只有知进退的人，才能在人世沉浮中保全自身，获得更广阔的发展空间。

【原文】

水曲流长，路曲通天，人曲顺达。豪夺不如智取，己争不如借力。山势崇峻，则草木不茂；水势湍急，则鱼鳖不生。观山水可以观人矣。

【译文】

水流能够弯曲，所以才能源远流长；道路能够弯曲，因而能够远达天际；做人如果能屈能伸，就一定能一路顺利通达。凭借蛮力强行争夺不如依靠智慧争取，依靠自己的力量强取不如借用别人的力量达到目的。山势过于险峻，山上的草木就不可能长得非常茂盛；水流过于湍急，水中的鱼和鳖就难以生存。观察山水中的道理后能将其用来体察人世，学会做人。

【点评】

做人应谋全局，知进退。

大海里有一种马嘉鱼，肉质鲜美，为人所爱。但它们总是潜藏于深海之中，不易捕捉。唯有春夏两季生产幼鱼时，马嘉鱼会随着潮水浮现于水面，这一时期也就成了渔人捕捉它们的好机会。

马嘉鱼行动敏捷，只要有一点风吹草动，就会立刻逃之夭夭，但它们有个致命的弱点——不知进退。

渔人充分利用了这一点。捕鱼时，先将它们赶往一面渔网中，当被渔网拦住时，它们就想拼命挤过去，结果越陷越深，越来越恼怒、焦躁，于是鳃也张开了，鳍也展开了。

就这样，它们自己把自己挂在渔网的网眼上，最后无法挣脱，只能束手就擒，成为人们餐桌上的美餐。

具有远见卓识的人，往往能够知人所未知，不被暂时的不利局面束缚。他们可以根据事物发展的趋势，适当调整自己的行为，该进则进，该退则退，该转弯时就转弯，通过迂回的途径达到目的。

南北朝时的高洋是一个懂得适时弯曲的人。高洋在尚未称帝时，政权在其兄长高澄的手里。高洋的妻子十分美艳，高澄很嫉妒，而且心里很是不平。高洋为了不被高澄猜忌，装出一副朴实木讷的样子，还时常拖着鼻涕傻笑，高澄因此将他视为痴物，从此不再猜忌高洋。高澄还时常调戏高洋的妻子，高洋也假装不知。后来高澄被手下刺杀，高洋为丞相，都督中外诸军。朝中大臣素来轻视高洋，而这时的高洋会文能武，谈笑风生，与昔日判若两人，顿时令四座皆惊，从此旁人再不敢藐视。高洋篡位后，初政清明，简静宽和，任人以才，驭下以法，内外肃然。

当时西魏大丞相宇文泰听到高洋篡位的消息后，借兴义师的名义进攻北齐。高洋见状，亲自督兵出战。宇文泰见北齐军容严盛，不禁叹息道："高欢有这样的儿子，虽死无憾了！"于是引军西还。

在今天的现实生活中，这种不懂忍让、不会屈伸就动辄丢性命的事情已经很少了，但适时弯曲仍是为人处世的必需之策。弯曲时更容易看清对方，更有利于沟通和进步。

老虎在进攻前，身子压得越低，起跳就会越迅速猛烈；出拳时，要先把手臂尽可能地往后收，才能让拳头发出更大的力道；同样，懂得生活智慧的人，并不是在任何时间、任何地点都一味地争强好胜。在必要的时候，退后一步，以曲为直，养精蓄锐，以待时机，这不但是暂时的生存策略，也是为今后的进步而奠定基础。

正如英国军事理论家利德尔·哈特说的："最曲折的战略道路通常是达到目的的最短途径。""退"和"曲"都是手段，而不是目的。变换一个角度，改变一下方向，变不利为有利，最终都是为了保存实力，获得更大的前进空间，加快实现自己的目的。

【原文】

屈己者和众，宽人者得人。自重者生威，自畏者免祸。用心而志大，智圆而行方，才显而练达，成事之基。

【译文】

能够委屈自己的人能够同众人和睦相处，懂得宽厚待人的人能够得到众人的拥护。自重的人能在众人之中树立威信，有所畏惧、行事谨慎的人就能免于祸患的侵扰。志向远大并且用心追求，处事圆融却能保持行动方正不阿，才干突出且办事洗练通达，这些就是成就大事业的基础。

【点评】

《道德经》中的“高下相倾”四个字看似十分简单，但其中却有许多深远的含义。天地宇宙，本来便在盛衰更替的循环中，凡是崇高必有倾倒，复归于平。因此，高与下，本来就是相倾而自然归于平等的，即使不倾倒而归于平，在弧形的回旋律中，高下本来同归于一律，即佛法中所说的“是法平等，无有高下”。

在这个浮躁的社会里，许多人常常以为自己很了不起，夸夸其谈，卖弄自己如何优秀。有的时候，这种行为就是在鲁班面前弄大斧，把对方的谦虚当作没有见识，其实这是一种浅薄。知者不言，言者不知，一个人为什么总是觉得自己聪明，把别人当作傻瓜呢？人的智商本来就没有多少差别，即使真的比别人聪明或者比别人阅历丰富，也应该懂得尊重别人。

道家智慧告诉我们，一个人无论在什么时候，处在多么高的地位上，都不能骄傲自大；许多时候，学会低头看水，反而更能将天空的开阔收入眼底。站在山顶的人和居于山脚的人，在对方眼中看来同样渺小。高高的山峰终于被一群登山者踩在了脚下，极目四望，一切都离他们那么远。“你们看，山下的人就如蚂蚁一般！”其中一人兴奋地嚷着。“可是，他们也许根本就没觉得山上有人。”一位同伴在一旁轻轻地说。大家霎时冷静下来：是啊，巍峨的只是脚下的山峰，我们还和过去一样普通，并没有因位置的升高而变得高大。

谦卑做人更尊贵。在这个世界上，有不少人用自己的一生践行着这句话，并且演绎出了一段段精彩成功的人生。

一位闻名遐迩的老画家在青年画家登门求教时，总是很耐心地给人看画指点；对于有潜力的青年才俊，更是尽心尽力帮助，不惜耗费自己作画的时间。一次，一位后辈画家在对前辈的关爱有加表示感谢时，老画家微笑着讲了一个故事。

四十年前，一个青年拿着自己的画作到京都，想请一位自己敬仰的前辈画家指点一下。那画家看这青年是个无名小卒，连画轴都没让青年打开，便推托事务缠身，下了逐客令。青年走到门口，转过身说了一句话：“大师，您现在站在山顶，往下俯视我辈无名小卒，我们的确十分渺小；但您也应该知道，我从山下往上看您，您同样也十分渺小！”说完，青年便转身扬长而去。青年后来发愤学艺，终于在艺术界有所成就。

他时刻记得那一次冷遇，因而时刻提醒自己，一个人是否形象高大，并不在于他所处的位置，而在于他的人格、胸襟和修养。

许多成功者都和故事中的青年有着很相似的人生经历。确实，我们背负着尊严行走在高低不同、起伏不定的道路上，除了必须时刻提防四周的危险外，还要时刻提醒自己：头要低，腰须挺，谦卑做人更尊贵。

要像道家一样做人，要懂得低头看水的道理，不论人生得失如何，不妨经常低头审视一番，我们会发现其实人生的天地还有更宽广的空间等待我们去开拓。只有这样，人才不会自满于小小的成就中。

常人有一种倾向：看高不看低，求远不求近。譬如：某人学问比我渊博，就尊重他；某人钱财比我富足，就巴结他。如果此人条件比我差，就不予理会，却不知道“登高必自卑，行远必自迩”的道理。其实，从近处可以看到远处，退步也可以当作进步。智者们观看这个世界就与常人有显著的不同，所以常告诫人们虚怀若谷低下头来，才能真正地认识自己，认识世界。

曾经有一位智者这样说：“宇宙有多大多高？宇宙只不过五尺高而已！而我们这具昂昂六尺之躯，想生存于宇宙之间，那么只有低下头来！”我们看成熟的稻子，头是俯向地面的，我们要想认识真理，就要谦虚地把头低下来。

一般人总以为人生向前走才是进步风光的，而老子却告诉我们谦下也是向上的，而且谦下的人更尊贵，更风光。古人说“以退为进”，又说“万事无如退步好”，要在功名富贵之前退让一步，这是何等的安然自在！在人我是非之前忍耐三分，这又是何等的悠然自得！这种谦恭中的忍让才是真正的进步，这种时时照顾脚下，脚踏实地向前的精神才至真至贵。人不能只顾着往前直冲，有的时候，若能退一步思量，往往能有海阔天空的乐观场面。同样，事业上要把稳正确的方向，不能一味蛮干下去，奋勇前进的同时也要有勇于退步的气魄。

波澜壮阔的大海之所以能够包容万物、笑纳百川、深远伟大，关键在于其位置最低。位置放得低，所以能从容不迫，能悟透世事沧桑。这也正如人们常说的，想要到达最高处，必须从最低处开始。

【原文】

渊深鱼聚，林茂鸟栖。处大事贵乎明而能新，处难事贵乎通而能变。择路宜直，助人宜曲；谋事宜秘，处人宜宽。

【译文】

水深了鱼儿就会聚集过来，树林茂盛鸟儿就会来此筑巢栖息。处理大事的关键在于当断则断且能跟上形势的变化，处理难事的关键在于能够及时变通且不被眼前的事物所困住。选择道路的时候要选择笔直的大路，帮助别人却应该委婉隐晦；谋划事情时要注意保密，对待别人要以宽容为本。

【点评】

世事无常，并非事事都有章可循，不为常理所限，不为善恶虚名束缚，方能得大成功。规则是人定的，也就可以由人来打破。

清人王永彬所撰写的劝世书《围炉夜话》一语中的：“为人循矩度，而不见精神，则登场之傀儡也；做事守章程，而不知权变，则依样之葫芦也。”精通谋略的人总是能够积极动脑，及时“制造出”急需的东西，以解燃眉之急。

北宋年间，将军狄青领兵南征。因为主和派散播谣言，致使军心涣散，笃信此次南征“凶多吉少，难操胜券”。

一天黄昏，狄青冒雨巡视时路经一座古庙，见冒雨进香占卜者不少，便进庙询问。庙中和尚说，都说这座庙神佛灵验，有求必应，所以进香者终年不绝。

狄青听罢，心中顿生妙计。次日，他率领众将士入庙拜佛，虔诚地供香跪拜后，便对将士们说：“本帅当众占卜一卦，欲知南征凶吉。”说毕，他请庙祝捧出百枚铜钱，然后当众合掌祈祷：“狄青此次出兵南征，如能大获全胜，百枚铜钱当尽数字面朝上！”说毕，便将所有铜钱都掷了出去，竟果如其言，尽数字面朝上。将士们无不惊喜万分，奔走相告，一时士气大振。

狄青当即下令不准再动铜钱，以免冒犯神灵，违者军法从事，同时令心腹将士取来百枚长钉，把铜钱钉牢在地，然后对全军说：“此战必胜，这是上天助我！等到班师之日，再来感谢神灵取钱吧！”

宋军士气高昂，将士无不奋勇当先，直把入侵者杀得溃不成军，乖乖送上降书顺表。

宋军班师回朝，狄青高兴地带领一班将士到古庙谢神还愿。拔钉取钱时，一位偏将忽然惊呼：“奇怪，奇怪！这百枚铜钱怎么两面尽是字？”

狄青哈哈大笑：“此举其实是本帅借神佛之灵，鼓舞士气罢了！”众人此时才恍然大悟。

目的是最大的利益，所有的手段都是为了目的而服务。当规则阻碍到目的的实现时，就要打破规则，寻找达到目的的最佳途径，而不要一味地拘泥于形式。

不要坐等机会，做人要善变通，你利用的机会越多，创造的新机会也越多，成就非凡的可能性也会越大。

处理大事最重要的是思路清晰而且能决断，处理难事最重要的是学会变通而不死板。

清朝时，江宁县一姓陈女子，因未婚夫李某家贫，父母索要的聘礼太重，以致无法结婚。后来陈氏被富商设圈套奸污，乡中有些无赖知道了这件事，便借故去勒索富商，但没有成功。这些无赖便去捉奸，将富商和女子解赴县衙。县太爷袁子才将二人分开审问。陈氏哭诉被逼迫的经过，确实情非得已，心里始终怀念其未婚夫李某。袁子才听了，心里有数，半夜秘密提审富商，勒令他写下一张二百两银借据，剥下外衣，赶出衙去；然后叫出家里一位留短发做粗工的女仆来，吩咐她几句话，换上了那件外衣后便看押起来。第二天一早，袁大老爷升堂了，先审问陈氏。陈氏不发一言，只是低头哭泣。

而后再审奸夫，答：“与陈女做密友同居很久了。”

大老爷公堂一拍说：“竟敢与良家女子私通？”

话音一落，丢下签来，说：“与我打八十大板！”

如狼似虎的衙役不由分说，当堂剥下奸夫的裤子。谁知衙役一看，都呆了。“禀告大老爷！是个女的，不是男的。”

“啊！女的？”袁子才假戏真做，露出惊讶神气，双眼向原告那班捉奸的无赖一扫，怒斥：“你们这班人怎么搞的，拿本官来开玩笑呀？”

过了几天，袁子才又命人把陈氏的未婚夫李某找来，试探后得知他并不怪罪未婚妻，于是袁子才便叫人将富商那张借据去钱庄兑了现，把二百两银子送到了李某家里。李某接到此款，立即去女家纳聘，这对有情人终成了眷属。

如果知县袁子才不分青红皂白就给收监定罪，不但毁了陈氏一生的名誉，而且还毁了一门好姻缘。袁知县的“移花接木”虽然有点荒诞不经，但从人性角度来说却又合乎情理，正是袁知县的变通解救了无辜的陈氏。

很多事情都可以灵活处理。当然，在法律面前，不能不认真，但在不违背法律又能通融的情况下，还是灵活一些为好。

常规之下无捷径。在规则之下，人们往往会形成一种思维定式，这时，如果敢于打破这种思维定式，不按规则出牌，就会占得上风。

【原文】

圣人不能为时，而能以事适时，事适于时者其功大。山，水绕之；林，鸟栖之，曲径可通幽也。处君子宜淡，处小人当隙，处贼徒当方圆并用。

【译文】

圣人不能够创造时机，但却能让自己所做的事情适应时机的变化，一旦事情能够与时势相合就能够成就大业。山势高峻，旁边就会有流水环绕；森林茂密，就会有鸟儿来此栖息，弯曲的道路能够通向幽暗的地方。同君子相处就要保持平淡，和小人结交就要保持一定距离，与贼人相交就要方圆并用，既不要太近，也不要过远。

【点评】

孟子曾说："虽有智慧，不如乘势。"善于把握和利用形势是智者的策略，能否审时度势，抓住时机，善择而变，往往是成败的关键。

做人要懂得顺应形势发展。古语说识时务者为俊杰，又说顺天者昌逆天者亡，其实讲的都是一样的道理。

在战争中，"势"的影响非常重要。顺应时势的一方，总是能获得民心，得到更多的支持和帮助，最后取得成功；而违背时势的一方，则会失道寡助，最后落得身败名裂。"势"是一种冲发而出的力量，善于用势，就会事半功倍，无往不利。

三国时期，荆州失守，刘备不听诸葛亮劝阻，决定率大军伐吴。

蜀军从长江顺流而下，锐不可当，深入东吴腹地几百里。东吴将领陆逊深谙兵法。他仔细观察并分析了当前形势，认为此时蜀军势头正猛，若与其正面交战，则胜负难定。如果暂时退却，消耗对方士气，则有可能迎来转机。于是陆逊将大军撤出山中。而蜀军此时士气正旺，却无法找到目标进行打击，只好在山林中辗转等待。渐渐地，蜀军越来越被动，士气消磨，斗志渐无。

陆逊看到这种情况，认为形势已经扭转，实施反击的大好时机已经来临，于是下令全军出战，火烧蜀军大营，使其损失惨重，全线溃败。

可见，对“势”的把握的确是决定双方胜败的重要因素。陆逊懂得谋势，在力量形势都不利于自己的时候，通过发挥“势”的作用，使各种因素得到最有效的协调和运用，从而让自己握势在手，顺利获胜。

一个人要想有所作为，仅靠一味蛮干是不行的；明辨势态，度势而行，这才是成功者最明智的选择。时机尚未成熟时默默无为，一旦时机成熟了就立即行动起来，毫不犹豫地朝着预定的目标挺进。这正是善谋者高明的韬光养晦之道，看似消极平静，实则精细机敏。

晋朝的王猛，年轻时被人们认为是一位奇人，尚书郎听说之后，便召他为功曹。听到这个消息后，王猛便逃到华山隐居了起来。他认为凭自己的才能不应该仅仅做个功曹，所以他选择暂时隐居，看看时势变化，等候时机的到来。

东晋的大将军桓温带兵北伐，击败了前秦苻健的军队。事后，王猛到桓温的大营求见。桓温请他谈谈对当时社会局势的看法。王猛在大庭广众之下，一边把手伸到衣襟里去捉虱子，一边纵谈天下大事，说起话来滔滔不绝，旁若无人。

桓温见此情景，心中暗暗称奇。他觉得面前这位穷书生非同凡响，就想请王猛辅佐他。王猛却同样拒绝了桓温的邀请，继续隐居华山。因为他通过观察桓温分析东晋的形势，认为桓温怀有篡权的野心，却未必能够成功，自己在桓温那里也很难有所作为。

苻健去世后，继位的是苻生。苻生昏庸残暴，杀人如麻，苻健的侄儿苻坚想除掉这个暴君，于是广招贤才，以壮大自己的实力。

苻坚早就听说了王猛的大名，便想请他出山。果然，两人一见面便像遇到了知音，他们谈论天下大事，意见不谋而合。王猛觉得苻坚才是值得自己一生效力的对象，于是他便留在苻坚的身边，为他出谋划策，协助苻坚夺取大权，治理天下，最终干出了一番轰轰烈烈的大事业，成为一名杰出的政治家。

当情况不明的时候，自己先要保持沉默，静下心来认真听取别人的言语，从中仔细体察对方的真正意图，要像张网捕鱼一样静心捕捉别人的言辞与意志。了解了别人的意图之后，就可以运用自己的主观能动性有的放矢了。

大凡能把握时机的就能昌盛，否则就容易灭亡。两个人做相同的事，建立的功业却大不相同，很多时候并非是在方法上出现错误，而是因为没有看清形势，掌握时机。

天下之事，是非对错变化不定。以前所用的，今天或许就会被抛弃；今天被抛弃的，也许以后又会有大用途。处世并无固定法则，所以一个人必须要洞察形势，见机行事，懂得权衡变化，以不变应万变，这样才能达到目的，获得成功。

厚之卷八

本卷主要讲述“去欲”的重要性。只有去除不必要的欲望，才能拥有仁爱之心，进而说明成大事之人绝非循规蹈矩之辈，他们必然在思想观念、行事方式等方面有着不同于流俗之处。

【原文】

兵不厌诈，击敌无情。在上者，患下之骄；在下者，患上之疑，故下骄，上必削之；上疑，下必惧之。人心叵测，私欲惑尔，去私则仁生。

【译文】

用兵是不排斥使用诈术的，攻击敌人不应留有感情。处于上位的人，担忧下位的人骄横自大；处于下位的人，担忧上位的人怀疑自己的忠心。因而，身处下位的人骄横放纵，处于上位的人必然会削弱他的势力；身处上位的人一旦产生了疑心，处于下位的人必然会惊慌失措。人心是难以预测的，私人的种种欲望经常会迷惑人心，如果能够去除私心，人人都能生出仁爱之心。

【点评】

孔子的弟子子贡曾经请教说：“有没有这样一个原

则，它是我们终身都应该遵守执行的。”孔子说：“有的，这就是宽恕。”宽恕的意思是说“己所不欲，勿施于人”，也就是说，自己不愿意承受的事情，就不要强加给别人。孔子还主张，自己在达到目标之时，也要帮助别人达到；不愿意别人以某种方式对待自己，自己就首先不要用这种方式对待别人。

一个凡事只想到自己的人，不但交不到朋友，而且也无法处理好上下级的关系。生活中还有这样一种人，他们身上似乎存在一种排斥感，不管他到什么地方，人们都会很快离他而去。这种人往往自己并不知道问题出在哪里了，他们觉得自己什么都很好，应该能和别人很好相处，可情况往往是，那些看上去不如自己的人，却能受到大家的欢迎，这让他们很费解。其实这种人没有觉悟到，自己不受欢迎的原因是因为自私，什么都只先想到自己，从不肯多花时间为别人着想。这样的人怎能得到别人的尊重呢？

“己所不欲，勿施于人”这个简单朴素的为人处世原则，同样适用于上下级关系的处理。它潜在地设定了一个前提：我所不欲的，可能也是他人所不欲的。当然，这里面还有另外一层意思，就是己所“欲”，也勿施于人。将自己喜欢的东西强加于人，不但不会得到预期的效果，而且还会招致别人的反感。

去除私心，真正地为他人着想，这才是真正的仁爱；而只有拥有仁爱之心，才能真正获得人心。

【原文】

縻情羁足，疑事无功。毒来毒往，毒可见矣。蜂虿之毒，可伤肌肤；人心之黑，可弥日月。

【译文】

人一旦被感情束手束脚，做事迟疑不决，就不能够获得成功。看到祸患的产生和消失，就能够清楚其中的来龙去脉。蜂和虿身上的毒，仅能伤害人的皮肤；人心要是黑暗起来，能够达到遮天蔽日的效果。

【点评】

世界上再也没有什么比人心更难了解、更难揣测的了。

人们常说"春水薄，人情更薄；江湖险，人心更险。"想要从一个人的外表和行为来准确判断出他的善恶居心更是难上加难。

有的人表面上一团和气，实际上却在暗中琢磨着如何算计你；有的人在与你发生冲突时忍让顺从，而实际上他却很有可能在事后给你重重一刀；有的人似乎竭尽全力为你做事，而事实上，他早已另有图谋……

所以说，与人交往一定要学着识人心、辨人心，不能只依靠表面现象来判定。那些工于心计的人，往往大奸似忠，必须多加防备，这样才会让自己不被假象迷惑，避免遭人暗算。

唐代的姚崇和张说同朝为官，却一直存在矛盾。

姚崇临终前对儿子们说："我最担心死后你们会被张说暗算。所以你们要记住，我死后，张说来吊丧时，你们要把家里最好的玩物器皿罗列堂前。如果他根本不看一眼，那就说明他要下手了，你们就赶快逃命；如果他对其中几件感兴趣，你们就将那几件送到他家，并请他为我撰写碑文，然后马上奏明皇帝。"

姚崇死后，张说前来吊唁，他拿起灵堂前几件精美器物流连难舍。等他走后，姚崇的儿子们赶紧将那几件东西送到他家，并请他为父亲题写碑文。张说当时很满意，便写了碑文。

姚崇的儿子们拿到碑文后立即命人镌刻，并向皇帝奏明了此事。谁知张说很快就反悔了，立马派人追回所写碑文，并打算下手算计姚崇后人。好在碑文已经刻好了，皇帝也知道了，张说只好作罢。

姚崇的精明之处就在于善于把握人心，能够通过他人的行为细节判断出事态发展的方向，然后提前做好准备。正是凭借着这一本领，姚崇才让自己的后人免遭此难。

其实，人在社会中生存，就像在进行一场战争：人人都想隐藏自己、保护自己，同时又要尽可能地从他人那里获得更多赖以生存的利益。所以说，画龙画虎难画骨，知人知面不知心。人心是非常复杂的，只看一个人表现出来的情感、行为，并不能准确探知其内心的想法。我们在与人交往的过程中，必须要时时刻刻保持警惕，要牢牢记住：害人之心不可有，防人之心不可无。毕竟，在漫长的人生之路上，你遇到的并不总是真正美好的事物和友善的人。如果不注意观察审视，没有丝毫防范之心，就很容易掉进他人设好的圈套和陷阱中，让自己吃亏、受伤。

大千世界，鱼龙混杂。不管你是否愿意承认，这个世上除了好人，还有不少居心叵测的人。他们就像是布设在你身边的一颗颗定时炸弹一样，随时都会置你于险境。当你全力以赴成就事业时，要时时警惕这些居心不良的人，对那些突然对你百般热情的朋友要有防备之心；那些原本不熟的朋友突然对你献殷勤时，你就更要小心谨慎了。

【原文】

无欲则生仁，欲盛则怀毒。君子怀德养人，小人趋利害人。怀德者德彰，趋利者利显。行事审己，旨在利弊。有奇思方有奇行，有奇举必有奇事。成大事者，鲜有循规蹈矩之行。

【译文】

心中没有私欲，就会产生仁慈，私心太多就难免心怀叵测。君子心怀道德就能帮助别人，小人寻求利益不惜伤害他人。最后心怀道德的人得以彰显德行，追求现实利益的人就能获得物质利益。做事时能够时刻审察自己，关键在权衡其中的利弊。有了独特的思想才有独特的行事方法，有独特的行事方法一定会做出不同流俗的事情。成就大事业，很少有规律可以遵循。

【点评】

敢于打破常规，并且按自己的道路一往无前地走下去，这是许多伟大人物的共同特征。他们懂得将自身的潜力发挥到淋漓尽致，不允许让自己的生命永远陷于逆境。

拿破仑、格兰特两位将军不按照书本上的战争先例行事，因而前者带领军队横扫欧洲，后者结束了美国南北战争。有毅力、有创造精神的人，总是先例的破坏者；只有懦弱、胆小、无用的人才不敢破坏常规，他们便只能循规蹈矩，墨守成规。

皮切尔·勃洛克在大名鼎盛时，数百名年轻牧师竞相模仿他的风度、姿态、语气，但在这些模仿者中间，并没有人取得辉煌的成就。模仿他人是永远不可能成功的，无论模仿者模仿得多么惟妙惟肖。因为成功是创造出来的，它是一种自我表现，一个人一旦远离“自己”，他就已经失败了。

舍之卷九

本卷主要教人舍弃之道。君子当控制自己的私欲，避免过度的物质享受，时刻保持警惕，不因贪图小利而丧失大节，便能获得长足发展。世人通常以多得为乐，以失去为忧，这是因为不知道“舍弃是为了更大的获得”的道理。

【原文】

伐欲以炼情，绝欲以达志。大勇无惧，命之不惜，何足惧哉？穷思变，思变则通；贵处尊，处尊则怠。

【译文】

减少自己的私欲就能使得人情练达，抛开世俗杂念才能实现自己的远大志向。真正的大勇之人，没有他所畏惧的事，连生命都不吝惜，还有什么值得畏惧的？人走投无路的时候就会寻求改变，观念得以改变，人生就会因此通达起来；人变得富贵后就会尊贵，时间久了反而容易产生懈怠。

【点评】

怎样才算得上真正的刚强？古人曾说过：“有求皆苦，无欲则刚。”

孔子说：“我始终没有看见过一个称得上刚强的人。”有一个人说：“申枨不是很刚强吗？”孔子说：“申枨这个人有欲望，怎么能称得上刚强呢？”一个人有欲望是刚强不起来的，碰到你所喜好的，就非投降不可。

如果一个人说什么都不求，只想成圣人、成佛、成仙，其实也是有所求，有求就会苦。人到无求品自高，到一切无欲时，一个人才能算是真正刚正，才能真正作为一个大写的人屹立于天地之间。

“事能知足心常惬，人到无求品自高”，这是清代陈伯崖写的一副千古绝对。李叔同曾经写过一首赠友人诗，诗中便引用了该联：“今日方知心是佛，前身安见我非僧。事业文章俱草草，神仙富贵两茫茫。凡事须求恰好处，此心常懔自欺时。事能知足心常惬，人到无求品自高。”这里说的“无求”，不是对学问漫不经心和对事业不求进取，而是告诫人们要摆脱功名利禄的羁绊和低级趣味的困扰，有所不求才能有所追求。

林则徐最初在山东济宁当运河河道总督时，立下了一块石碑，上面镌刻着七个大字：“人到无求品自高。”他一针见血地道出了无私无欲的崇高品德，并将这句话作为自己的座右铭，时刻鞭策自己、激励自己。林则徐面对着官场腐败、污邪的风气，曾语重心长地给在京翰林院任职的长子写过一封书信，将“无求”的理念传达给了长子。信中说：“吾儿年方三十，侥幸成务，何德何才，而能居此，唯有一言嘱汝者，服官者应时时作归计，勿贪利禄，恋权位，而一旦归家，则又应时时作用计，勿儿女情长，勿荒弃学业，须磨砺自修，以为旦之为。”林则徐故居厅堂中还悬挂着一幅他亲笔所书的格言：“海纳百川，有容乃大；壁立千仞，无欲则刚。”同样体现了林则徐一生之中的“无求”准则。

道家说，有所求而无所得，无所求而有所得，表面上看是一种消极的处世态度，静心领悟，会发现这其实是一种深层次的人生哲理，即所谓：山高人为峰，无求品自高。

一位高僧和一位老道较量道行高低，相约各自入定以后，彼此追寻对方的心究竟隐藏在何处。高僧无论把心安放在花心中、树梢上、山之巅、水之涯，都被道士的心于刹那之间，追踪而至。高僧忽悟因为自己的心有所执着，故被找到，于是便想：“我现在自己也不知道心在何处。”高僧进入无我之乡，忘我之境，结果道上的心就追寻不到他了。超然忘我，放下得失之心，不苦苦执着于自己的失与得、喜与悲，便不会陷入欲求的深渊之中。

淡泊明志，宁静致远，拥有一颗宁静的心，我们才能从容地面对自己的生活。很多时候，我们越是处境窘迫，心中的诉求就越多，然而，太多不切实际的杂念，往往也成了我们改变现状，更上一层楼的最大阻碍。这时候，如果能够让你的心态平静下来，不受外界的干扰，或许你就可以得到你想要的一切。

【原文】

逐利而行多怨，割爱适众身安。将欲扬之，必先抑之；将欲取之，必先予之。君子不为轩冕失节，不为穷约趋俗。

【译文】

不顾一切地追求利益会招来别人的怨恨，这时割舍一些心爱的东西适应众人就能获得身心平安。想要推动一件事的发展，就必须先学会抑制；想要获得一样东西，就必须先学会给予。君子不会因为高官厚禄失去操守，不会因为暂时的困顿而趋炎附势。

【点评】

做事讲究能胜则战，不能胜则守。留得青山在，不愁没柴烧。

遇到逆境和危机时，有的人一蹶不振，而有的人则懂得克服困难，以退为进，养精蓄锐，化危机为转机。正如《予学》中所说的："大得莫及生也。"再没有什么比生命和希望更重要了。面对生活的磨难，我们最不能失去的便是希望和信心，即使现在输得很惨，但如果不断给自己打气，坚强地与命运抗争，隐忍奋发，说不定就会柳暗花明。

当你受到打击和侮辱的时候，如果抗争的实力还不够强大，那么不妨先吃一点眼前亏。千万不要盲目地逞一时之勇，硬碰硬只能让损失更加惨重。这时不妨先学一下韩信，保住有用之躯，伺机而动，便可能换来日后的叱咤风云。

范雎本是魏国大夫须贾的门客。有一次，他跟随须贾出使齐国，齐王背地里给范雎送去一份厚礼，希望他能留在齐国效劳，但是范雎拒绝了。

须贾很嫉妒范雎，便向魏国相国魏齐谗言范雎私通齐国。魏齐对范雎严刑拷打，把他的肋骨打断，门牙也打落两颗；快断气之际还叫人用破席把他裹起来扔进厕所，让家中宾客轮番溺尿侮辱他。范雎深知小不忍则乱大谋的道理，于是咬牙挺住，直到天黑之后才设法逃走。

范雎拼死逃出魏国后，改名换姓来到秦国。秦昭王求贤若渴，拜范雎为客卿，没过多久便把魏国作为进攻目标。魏国知道后十分恐慌，派须贾到秦国求和。范雎故意一副落魄打扮去见须贾，须贾不知道他就是秦国丞相，见他可怜，就给了他一些食物和衣服。

后来，范雎亮出了自己的丞相身份，义正辞严地怒斥须贾，对他说："你本该断头流血，念在你还顾及旧情、以衣食相赠的份上，就饶你一命。赶快回去告诉魏王，速将魏齐人头送来，再谈议和之事。"魏齐闻风出逃赵国，最后在秦国的逼迫下走投无路，只好自杀了。

司马迁对范雎的评价颇为有名：一饭之德必偿，睚眦之怨必报。假如当时范雎受到魏齐欺侮的时候，不是忍辱负重保全自己，又怎么会有后来的报恩和报仇呢？留住青山，蛰伏隐忍，君子报仇，十年不晚，说的就是这个道理。

逆境和顺境都是人生中必不可少的组成部分，生活中的任何磨砺、任何屈辱，我们都要勇敢面对。不浮躁，不冲动，不绝望，学会忍小谋大，保存实力，总有一天会换来属于自己的辉煌。

有时，不失去一些小利益，就无法保住性命；没有更大的实力，也就谈不上什么长远利益了。来日方长，当遇到对自己不利的环境和条件时，不妨委曲求全，忍失小利，吃一些眼前亏，以换得全身而退的机会，为日后的崛起做准备。

【原文】

贤而多财，则损其志；愚而多财，则益其过。富贵生淫欲，沉溺致愚疾。溺财伤身，散财聚人。退以求进，舍以求得。

【译文】

贤能的人拥有财物多了，他的志向就容易受到伤害；愚蠢的人获得财物多了，他的过错就会增加。富贵容易滋生骄奢淫逸，沉溺其中就会变得愚蠢。在财物中沉溺就会伤害到自身，能将财物和众人分享就能聚集人心。退后一步是为了求得更大的进步，舍弃也是为了今后更多的获得。

【点评】

人生是一只空杯子。

我们要不断地给这只杯子装进一些东西，让你的生命越来越饱满、多彩；但同时，你也要时不时地把杯子里的东西倒出来一些，减轻生命的重量。

无论你装进多么好的东西，如果将一切都紧紧抓住不放，那么里面的东西迟早会陈旧腐朽，最后变质，并且还无法装下新的东西；只有舍掉旧的，才能补充新的，让你的生命时刻处在鲜活灵动的状态。

患得患失的人，生活必然缺少阳光。有智慧的人都懂得应该舍去什么，明白从失去中能够得到什么，便能给人生带来物质和精神的富有。

胡雪岩依靠官场一步步发家，也同时遭受到了官场中的麻烦。在一次复杂官场的派系斗争中，朝廷查封了胡雪岩的财产，要将他的全部资产都折成银子用以偿还亏欠朝廷的银两。胡雪岩一生的心血即将因此而化为乌有。面对这样的结果，他很痛惜，但也很坦然，并不怨天尤人。

他曾说："我虽说精于商道，善于取巧，可从没有把钱当作性命。"虽说人为财死，鸟为食亡，可如果性命都难保了，要那万般家产还有何用?

他怀着一颗平常心，尽可能地把剩下的事情处理好，不让自己被财物所束缚，成为金钱的奴隶，以免出现人财两空的悲剧。

在胡雪岩看来，钱财本是身外之物，必要的时候就应该弃财保家。经历了这次大变故之后，胡雪岩不一定能够再次崛起，但是至少生活还能继续大难之后能活着就是一种获得。

在面对得失的时候，我们的心往往像钟摆一样，在二者之间来回摇摆，非常痛苦。其实，有得就有失，有失也有得，得就是失，失就是得。但是很多人常常看不清楚得失之间的这种关系，总是患得患失。

还有一些人，做任何事之前都会犹犹豫豫，想把方方面面的事都考虑周到；做完之后又担心会有什么不妥，害怕即使办成了也会有失去的那一天。这种得失心太重的心理，只会让自己做事不果断，不能放开手脚，不能大胆决策，反而会错过更多的财富和更精彩的人生。

诚然，“失”意味着一种牺牲，不论是牺牲财富还是情感，都是痛苦的。但是，塞翁失马，焉知非福。有舍才能有得，小舍小得，大舍大得，不舍不得，这样转念一想，内心或许就会明白许多。

所以，我们必须学会正确把握取舍的艺术，选择自己应该拥有的，不去计较一时一事的得失。只有不在乎丢掉一两粒小小芝麻的人，才会拿到最大的西瓜。

附录

“处世七书”包括《权谋残卷》《守弱学》《止学》《度心术》《韬晦术》《处世悬镜》《荣枯鉴》共七部典籍，是中国历代处世哲学的集大成者，以短句为主，内容精炼，发人深省，即使在当代仍有较强的可读性和实用价值。

权谋残卷　张居正

智察卷一

月晕而风，础润而雨，人事虽殊，其理一也。唯善察者能见微知着。

不察，何以烛情照奸？察然后知真伪，辨虚实。夫察而后明，明而断之、伐之，事方可图。察之不明，举之不显。

听其言而观其行，观其色而究其实。

察者智，不察者迷。明察，进可以全国，退可以保身。君子宜惕然。

察不明则奸佞生，奸佞生则贤人去，贤人去则国不举，国不举，必殆，殆则危矣。

筹谋卷二

君子谋国，而小人谋身。谋国者，先忧天下；谋身者，先利自身。盖智者所图者远，所谋者深。唯其深远，方能顺天应人。

守之伐之，不如以德伏之。宜远图而近取。见先机，善筹划。

圣王之举事，考之于蓍龟，不如谛之于谋虑；炫之以武，不如伐之以义。

察而后谋，谋而后动，深思远虑，计无不中。故为其诤，不如为其谋；为其死，不如助其生。羽翼既丰，何虑不翱翔千里。

察人性，顺人情，然后可趁，其必有谐。

所谋在势，势之变也，我强则敌弱，敌弱则我强。倾举国之兵而伐之，不如令其自伐。

勇者搏之，不如智者谋之。以力取之，不如以计图之。攻而伐之，不如晓之以理，动之以情，诱之以利；或雷霆万钧，令人闻风丧胆，而后图之。

实以虚之，虚以实之，以其昏昏，独我昭昭。

人皆知金帛为贵，而不知更有远甚于金帛者。谋之不深，而行之不远，人取小，我取大；人视近，我视远。未雨绸缪，智者所为也。

用人卷三

为政之道，在于辨善恶，明赏罚。倘法明而令审，不卜而吉；劳养功贵，不祝而福。

贤者立而国兴；小人立而邦危。有国者宜详审之。故小人宜务去，而君子宜务进。

大德容下，大道容众。盖趋利而避害，此人心之常也，宜恕以安人心。故与其为渊驱鱼，不如施之以德，市之以恩。

而诱之以赏，策之以罚，感之以恩。取大节，宥小过，而士无不肯用命矣。

赏不患寡而患不公，罚不患严而患不平。赏以兴德，罚以禁奸。使下畏罚而利赏，下也；好德而恩进，上也。天下无不可用之材，唯在于所用。

事上卷四

事上宜以诚，诚则无隙，故宁忤而不欺。不以小过而损大节，忠也，智也。

不欺上，亦不辱君，勉主以体恤，谕主以长策，不使主超然立乎显荣之外，天下称孝焉。荣辱与共，进退以俱，上下一心，事方可济。骄上欺下，岂可长久？

攻城易，攻心难。故示之以礼，树之以威，上也。

上怨报之以德，上毁报之以誉，上疑报之以诚。隙嫌不生，自无虞。事君以忠，不涓细流。待人以诚，不留小隙。

为上计，不以小惠，而以长策。小惠人人可为，长策非贤者不能为之。故事之以谀，不如进之以忠。助之喜，不如为之忧。

思上之所思，而虑其无所思；为君谋利，不如为君求安。思之深，而虑之远。锦上添花，不如雪中送炭。

避祸卷五

廓然怀天下之志，而宜韬之晦。牙坚而先失，舌柔而后存。柔克刚，而弱胜强。人心有所叵测，知人机者，危矣。故知微者宜善藏之。

考祸福之原，察盛衰之始，防事之未萌，避难于无形，此为上智。祸之于人，避之而不及。唯智者可以识其兆，以其昭昭，而示人昏昏，然后可以全身。

君臣各安其位，上下各守其分。居安思危，临渊止步。故《易》曰潜龙勿用，而亢龙有悔。夫利器者，人所欲取。故身怀利器者危。

宜示之以无而去其疑，方无咎。不矜才，不伐功，不忘本。为人以谦，为政以和，守其常也。

有隙则明示之，令其谗不得入；大用而谕之小用，令其毁无以生。

不折大节，不弃小惠。进退有据，循天理而存人情，此所以为全身之术也。

必欲图之，勿以小惠，以大德；不以图近，而谋远。

恃于人者不如自恃。自恃者寿，自足者福。顺天应人，故常在。

自爱者重。危房不可近，危邦不可入。明珠必待识者，宝剑只酬壮士。

以贤臣而事昏主，危矣。故明主则谏，昏君则去。不去而隐于朝，宜也。知其雄，守其雌。事不可为而身退，此为明哲保身之道也。

度势卷六

势者，适也。适之则生，逆之则危；得之则强，失之则弱。事有缓急，急不宜缓，缓不宜急。因时度势，各得所安。

避其锐，解其纷；寻其隙，乘其弊，不劳而天下定。

势可乘，亦可造。致虚守静，因势利导。敌不知我而我知敌，或守如处子，或劲如脱兔。善度势者乘敌之隙，不善度势者示敌以隙。知其心，度其情，察其微，则见其势矣。

观其变而待其势，知其雄而守其雌，疲之扰之，然后可图。

势可乘乎？势不可乘乎？智者睹未明，况已著乎，唯在断矣。智无识不立，无胆不行。

为谋，所重者胆，所贵者智；胆智兼备，势则可为。

见宜远而识宜大，谋宜深而胆宜壮。军无威无以立，令无罚无以行。威慑之，智取之，胆胜之，则何敌不克，何坚不攻？正胜邪，直胜曲。浩然正气，而奸佞折。

攻心卷七

城可摧而心不可折，帅可取而志不可夺。所难者唯在一心。攻其心，折其志，不战而屈之，谋之上也。

攻心者，晓之以理，动之以情，示之以义，服之以威。

君子好德，小人好利。辨之羞之，耻之，驱之于德。

移花接木，假凤虚凰，谋略之道，唯在一心。乱其志，折其锋，不战自胜。

治不以暴而以道，胜不以勇而以仁。故彼以暴，我以道；彼以勇，我以仁；然后胜负之数分矣。

攻心之术多矣。如武穆用兵，在乎一心。乱之扰之，激之困之，俟之以变，然后图之。欲得之，先弃之；欲扬之，先抑之。畏之危之，其心必折，计然后可用。

虚予而实取之。示之以害，其必为我所用。欲得其心，莫若投其所好。君喜则我喜，君憎则我憎，我与君同心，则君不为我异。

权奇卷八

善察者明，慎思者智。诱之以计，待之以隙。不治狱而明判，不用兵而夺城，非智者谁为？

夫欲行一事，辄以他事掩之，不使疑生，不使衅兴。此即明修栈道，暗度陈仓。

事有不可拒者，勿拒。拖之缓之，消其势也，而后徐图。

假神鬼以立威，而人莫辨真伪。伪称天命，其徒必广。将计就计，就势骑驴，诡之异之，以伏其心。此消彼涨，此涨彼消，其理一也，不诡于敌而诡于己，己之气盛，敌气必衰。

意欲取之，必先纵之；意欲除之，必先骄之。然后乘其势矣。

敌强则弱之，敌实则虚之。弱之虚之，不我害也。

偷梁换柱，移花接木。妙手空空，弥祸患于无形。釜底抽薪，上楼撤梯，虽曰巧智，岂无大谋？

人构我，我亦构人。以彼之道，还施彼身。反客为主，后发制人。

必欲使人为某事，威逼之，刑罚之，利诱之。由远及近，从小至大，循序渐进，然后可用。

谬数卷九

知其诡而不察，察而不示，导之以谬。攻子之盾，必持子之矛也。

智无常法，因时因势而已。即以其智，还伐其智；即以其谋，还制其谋。

间者隙也，有间则隙生。以子之伎，反施于子，拨草寻蛇，顺手牵羊。

彼阴察之，我明示之。敌之耳目，为我喉舌。借彼之口，扬我之威。

机变卷十

身之存亡，系于一旦；国之安危，决于一夕。唯智者见微知著，临机而断。因势而起，待机而变。机不由我而变在我。故智无常局，唯在一心而已。

机者变也。唯知机者善变。变则安，不变则危。

物必先腐而蠹生，事必有隙而谗起。察其由，辨其伪，除其隙，谗自止矣。

知机者明，善断者智。势可度而机可恃，然后计可行矣。处变不惊，临危不乱。见机行事，以计取之，此大将之风也。

将错就错，以讹传讹，移花接木，巧取豪夺。敌快我慢，以智缓之；敌强我弱，以计疲之。釜底抽薪，此消彼长。敌缓则我速，敌弱则我强。此亦机变也。

危在我，而施于人。故我危则人危，人不欲危，则必出我于厄难。

讽谏卷十一

讽，所以言不可言之言，谏不可谏之谏。谏不可拂其意，而宜恤其情。谏人者宜为人谋，不为己虑。

或激之勉之，以证其不可行也。或讽之喻之，以示其缪。进而推之，以证其不可行也。谏不宜急而宜缓，言不宜直而宜曲。

嬉笑之中蕴乎理，诙谐之中寓乎道。见君之过失而不谏，是轻君之危亡也。夫轻君之危亡者，忠臣不忍为也。

中伤卷十二

天下之至毒莫过于谗。谗犹利器，一言之巧，犹胜万马千军。

谗者，小人之故伎。口变淄素，权移马鹿。逞口舌之利剑，毁万世之基业。

随口毁誉，浮石沉木。奸邪相抑，以直为曲。故人主之患在于信谗，信谗则制于人，宜明察之。然此事虽君子亦不免也。苟存江山社稷于心，而行小人之事，可乎?

小人之智，亦可谋国。尽忠事上，虽谗犹可。然君子行小人之事，亦近小人，宜慎之。

美色卷十三

乱德则贤人去，失政而小人兴。国则殆矣。

美色置于前而心不动者，情必矫也。然好色不如尊贤。近色而远贤臣，智者所不为也。

孰谓妇人柔弱？一颦一笑，犹胜百万甲兵。

智者借色伐人，愚者以色伐己。

色必有宠，宠必进谗，谗进必危国。然天下之失，非由美色，实由美色之好也。

借美以藏其奸，市色而成其谋，千载之下，绵绵不绝。人主宜详审之。

圣贤事业，非大志者何为？故色贤之分，知其所取舍。是以齐桓晋文，犹为霸主；汉武唐宗，不失明君。

守弱学　杜预

敬强篇卷一

世之强弱，天之常焉。

强者为尊，不敬则殃，生之大道，乃自知也。

君子不惧死，而畏无礼。小人可欺天，而避实祸。

非敬，爱己矣。智不代力，贤者不显其智。弱须待时，明者毋掩其弱。奉强损之，以其自乱也。示弱愚之，以其自谬焉。

保愚篇卷二

人不知者多矣。知之幸也，不知未咎。

智以智取，智不及则乖。愚以愚胜，愚有余则逮。

智或难为，余则克之，得无人者皆愚乎？

上不忌愚，忌异志也。下不容诈，容有诚也。上明而下愚，危亦安。下聪而上昏，运必尽。

言智者莫畏，畏言愚也。

安贫篇卷三

贫无所依，不争唯大，困有心贼，抑之无恙。

不恶窘者，知天也。惰以致贫，羞也。廉以不富，荣也。蹇以无货，嗟也。

贵生败儿，贱出公卿。达无直友，难存管鲍。勿失仁者终富，天酬焉。莫道苦者终盛，人敬矣。

抑尊篇卷四

智尊者未必强，名实弗契也。霸者存其弱，胜败无常焉。弱不称尊，称必害。强勿逾礼，逾则寇。

不罪于下，祸寡也。目无贵贱，君子也。心系名利，小人也。君子尊而泽人，小人贵而害众。

至善无迹，然惠存也。至尊无威，然心慑耳。

守卑篇卷五

智人卑莫僭，羸马勿驰。草木同衰，威存其荣。

君不正臣谲，君之过也。上无私下说，上之功也。

功过由人，尊卑守序，卑不弄权，轻焉。 宠不树敌，绝焉。陋不论道，暴焉。

堪亲者非贵，远之不辱也。毋失者乃节，恃之者必成矣。

示缺篇卷六

天非尽善，人无尽美。不理之璞，其真乃存。

求人休言吾能，悦上故彰己丑。治下不夺其功。君子示其短，不示其长。小人用其智，不用其拙。

不测之人，高士也。内不避害，害止于内焉。外不就祸，祸拒于外哉。

忍辱篇卷七

智至辱非辱，乃自害也。至忍非忍，乃自谅也。君子不怨人，怨天也。小人不畏君子，畏罚也。君子小人，辱之可鉴焉。强而无仁，天辱之。弱而不振，人辱之。辱不灭人，灭于纵怒。大辱加于智者，寡焉。大难止于忍者，息焉。

恕人篇卷八

天威贵德，非罚也。人望贵量，非显也。恕人恕己，愈蹙（cù）愈为君子可恕，其心善焉。小人可恕，其情殆焉。不恕者唯事也。富而怜贫，莫损其富。贫而助人，堪脱其贫。人不恕吾，非人过也。吾不恕人，乃吾罪矣。

弱胜篇卷九

名弱者，实大用也。致胜者，未必优也。弱而人怜，怜则助。劣而人恕，恕则幸。庸而人纳，纳则遇。以贱为耻，其人方奋。以拙为憾，其人乃进。无依者自强，势所迫焉。贤以义胜，义不容恶也。忠以诚归，诚不输奸也。

止学　文中子

智卷一

智极则愚也。圣人不患智寡，患德之有失焉。才高非智，智者弗显也。位尊实危，智者不就也。大智知止，小智唯谋，智有穷而道无尽哉。谋人者成于智，亦丧于智也。谋身者恃其智，亦舍其智。智有所缺，深存其敌，慎之少祸焉。智不及而谋大者毁，智无歇而谋远者逆。智者言智，愚者言愚，以愚饰智，以智止智，智也。

用势卷二

势无常也，仁者勿恃。势伏凶也，智者不矜。势莫加君子，德休与小人。君子势不丁力也，力尽而势亡焉。小人势不惠人也，趋之必祸焉。众成其势，一人堪毁。强者凌弱，人怨乃弃。势极无让者疑，位尊弗恭者忌。势或失之，名或谤之，少怨者再得也。势固灭之，人固死之，无骄者惠嗣焉。

利卷三

惑人者无逾利也，利无求弗获，德无施不积。众逐利而富寡，贤让功而名高。利大伤身，利小惠人，择之宜慎也。天贵于时，人贵于明，动之有戒也。众见其利者，非利也。众见其害者，或利也。君子重义轻利，小人嗜利远信，利御小人而莫御君子矣。利无尽处，命有尽时，不怠可焉。利无独据，运有兴衰，存畏警焉。

辨卷四

物朴乃存，器工招损。言拙意隐，辞尽锋出。识不逾人者，莫言断也。势不及人者，休言讳也。力不胜人者，勿言强也。王者不辩，辩则少威焉。智者讷言，讷则惑敌焉。勇者无语，语则怯行焉。忠臣不表其功，窃功者必奸也。君子堪隐人恶，谤贤者固小人矣。

贤卷五

好誉者多辱也。誉满主惊，名高众之所忌焉。誉存其伪，谄者以誉欺人。名不由己，明者言不自赞。贪巧之功，天不佑也。赏誉勿轻，轻则誉贱，贱则无功也。受誉知辞，辞则德显，显则释疑也。上下无争，誉之不废焉。人无誉堪存，誉非正当灭。求誉不得，或为福也。

情卷六

情滥无行，欲多失矩。其色如一，神鬼莫测。上无度失威，下无忍莫立。上下知离，其位自安。君臣殊密，其臣反殃。小人之荣，情不可攀也。情存疏也，近不过己，智者无痴焉。情难追也，逝者不返，明者无悔焉。多情者多艰，寡情者少难。情之不敛，运无幸耳。

蹇卷七

人困乃正，命顺乃奇。以正化奇，止为枢也。事变非智勿晓，事本非止勿存。天灾示警，逆之必亡；人祸告诫，省之固益。燥生百端，困出妄念，非止莫阻害之蔓焉。视己勿重者重，视人为轻者轻。患以心生，以蹇为乐，蹇不为蹇矣。穷不言富，贱不趋贵。忍辱为大，不怒为尊。蹇非敌也，敌乃乱焉。

释怨卷八

世之不公，人怨难止。穷富为仇，弥祸不消。君子不念旧恶，旧恶害德也。小人存隙必报，必报自毁也。和而弗争，谋之首也。名不正而谤兴，正名者必自屈焉。惑不解而恨重，释惑者固自罪焉。私念不生，仇怨无结焉。宽不足以悦人，严堪补也。敬无助于劝善，诤堪教矣。

心卷九

欲无止也，其心堪制。惑无尽也，其行乃解。不求于人，其尊弗伤。无嗜之病，其身靡失。自弃者人莫救也。苦乐无形，成于心焉。荣辱存异，贤者同焉。事之未济，志之非达，心无怨而忧患弗加矣。仁者好礼，不欺其心也。智者示愚，不显其心哉。

修身卷十

服人者德也。德之不修，其才必曲，其人非善矣。纳言无失，不辍亡废。小处容疵，大节堪毁。敬人敬，德之厚也。诚非虚致，君子不行诡道。祸由己生，小人难于胜己。谤言无惧，强者不纵，堪验其德焉。不察其德，非识人也。识而勿用，非大德矣。

度心术　李义府

度心第一

吏者，能也，治之非易焉。

仁者，鲜也，御之弗厚焉。

志大不朝，欲寡眷野。

才高不羁，德薄善诈。

民之所畏，吏无惧矣。

狡吏恃智，其勇必缺，迫之可也。

悍吏少谋，其行多疏，挟之可也。

廉吏固傲，其心系名，誉之可也。

治吏治心，明主不弃背己之人也。

知人知欲，智者善使败德之人焉。

御心第二

民所求者，生也；君所畏者，乱也。

无生则乱，仁厚则安。

民心所向，善用者王也。

人忌吏贪，示廉者智也。

众怨不积，惩恶勿纵。

不礼于士，国之害也，治国固厚士焉。

士子娇纵，非民之福，有国者患之。

士不怨上，民心堪定矣。

严刑峻法，秦之亡也，三代盛典，德之化也。

权重勿恃，名高勿寄，树威以信也。

擒心第三

德不悦上，上赏其才也。

才不服下，下敬其恕也。

才高不堪贱用，贱则失之。

能傲莫付权贵，贵则毁己。

才大无忠者，用之祸烈也。

人不乏其能，贤者不拒小智。

智或存其失，明者或弃大谋。

不患无才，患无用焉。

技显莫敌禄厚，堕志也。

情坚无及义重，败心矣。

欺心第四

愚人难教，欺而有功也。

智者亦俗，敬而增益也。

自知者明，人莫说之。

身危者骇，人勿责之。

无信者疑，人休蔽之。

诡不惑圣，其心静焉。

正不屈敌，其意谲（jué）焉。

诚不悦人，其神媚焉。

自欺少忧，醒而愁剧也。

人欺不怒，忿而再失矣。

纵心第五

国盛势衰，纵其强损焉。

人贵势弱，骄其志折焉。

功高者抑其权，不抑其位。

名显者重其德，不重其名。

败寇者纵之远，不纵之近。

君子勿拘，其心无拘也。

小人纵欲，其心唯欲也。

利己纵之，利人束之，莫以情易耳。

心可纵，言勿滥也。

行可偏，名固正也。

构心第六

富贵乃争，人相构也。

生死乃命，心相忌也。

构人以短，莫毁其长。

伤人于窘，勿击其强。

敌之不觉，吾必隐真矣。

贬之非贬，君子之谋也。

誉之非誉，小人之术也。

主臣相疑，其后谤成焉。

人害者众，弃利者免患也。

无妒者稀，容人者释忿哉。

逆心第七

利厚生逆，善者亦为也。

势大起异，慎者亦趋焉。

主暴而臣诤，逆之为忠。

主昏而臣媚，顺之为逆。

忠奸莫以言辩，善恶无以智分。

谋逆先谋信也，信成则逆就。

制逆先制心也，心服则逆止。

主明奸匿，上莫怠焉。

成不足喜，尊者人得也。

败不足虞，庸者人恕耳。

夺心第八

众心异，王者一。

慑其魄，神鬼服。

君子难不丧志，释其难改之。

小人贵则气盛，举其污泄之。

穷堪固守，凶危不待也。

察伪言真，恶不敢为。

神褫（chǐ）之伤，愈明愈痛。

苛法无功，情柔堪毕焉。

治人者必人治也，治非善哉。

屈人者亦人屈也，屈弗耻矣。

警心第九

知世而后存焉。

识人而后幸焉。

天警人者，示以灾也。

神警人者，示以祸也。

人警人者，示以怨也。

畏惩勿诫，语不足矣。

有悔莫罚，责于心乎。

势强自威，人弱自惭耳。

变不可测，小戒大安也。

意可曲之，言虚实利也。

诛心第十

诛人者死，诛心者生。

征国易，征心难焉。

不知其恩，无以讨之。

不知其情，无以降之。

其欲弗逞，其人殆矣。

敌强不可言强，避其强也。

敌弱不可言弱，攻其弱也。

不吝虚位，人自拘也。

行伪于谶，谋大有名焉。

指忠为奸，害人无忌哉。

韬晦术　杨慎

隐晦卷一

东坡曰：“古之圣人将有为也，必先处晦而观明，处静而观动，则万物之情，必陈于前。”

夫藏木于林，人皆视而不见，何则？以其与众同也。藏人于群，而令其与众同，人亦将视而不见，其理一也。

木秀于林，风必摧之；人拔乎众，祸必及之，此古今不变之理也。

是故德高者愈益偃伏，才俊者尤忌表露，可以藏身远祸也。

荣利之惑于人大矣，其所难居。

上焉者守之以道，虽处亢龙之势而无悔。

中焉者，守之以礼，战战兢兢，如履薄冰，仅保无过而已。

下焉者率性而行，不诛即废，鲜有能保其身者。

人皆知富贵为荣，却不知富贵如霜刀；人皆知贫贱为辱，却不知贫贱乃养身之德。

倘知贫贱之德，诵之不辍，始可履富贵之地矣。

处晦卷二

夫阳无阴不生，刚无柔不利，明无晦则亡，是故二者不可偏废。

合则收相生相济之美，离则均为无源之水，虽盛不长。

晦者如崖，易处而难守，唯以无事为美，无过为功，斯可以免祸全身矣。

势在两难，则以诚心处之，坦然荡然若无事然，勿存机心，勿施巧诈。方得事势之正。

物非苟得则有患得患失之心，而患得当先患失，患失之谋密，始可得而无患，得而不失。

音大者无声，谋大者无形，以无形之谋谛有形之功，举天下之重犹为轻。

事之晦者或幽远难见，唯有识者鉴而明之，从容谛谋，收奇效于久远。

祸福无常，唯人自招，祸由己作，当由己承，嫁祸于人，君子不为也。

福无妄至，无妄之福常随有无妄之祸，得福反受祸，拒祸当辞福，福祸之得失尤宜用心焉。

养晦卷三

夫明晦有时，天道之常也，拟于人事则殊难形辨。

或曰："'君子以自强不息'，何用晦为？"此言虽佳，然失之于偏。

天有阴晴，世有治乱，事有可为不可为。

知其理而为之谓之明智，反之则为愚蠢。

晦非恒有，须养而后成。善养者其利久远，不善养者祸在目前。

晦亦非难养也，琴书小技，典故经传，善用之则俱为利器。

醇酒醉乡，山水烟霞，尤为养晦之炉鼎。

人所欲者，顺其情而与之；我所欲者，匿而掩之，然后始可遂我所欲。

君子养晦，用发其光；小人养晦，冀逞凶顽。晦虽为一，秉心不同。

至若美人遭嫉，英雄多难，非养晦何以存身？

愚者人嗤，我则悦安，心非悦愚，悦其晦也。

愚如不足，则加以颠。既愚且颠，谁谓我贤？养晦之功妙到毫颠。

谋晦卷四

若夫天时突变，人事猝兴，养晦则难奏肤功，斯即谋晦之时也。

晦以谋成，益见功用，随匪由正道，却不失于正，以其用心正也。

谋晦当能忍，能忍人所不能忍，始成人所不能成之晦，而成人所不能成之功。

夫事有不可行而又势在必行，则假借行之势以明不可行之理，是行而不行矣。

破敌谋、挫敌锋，勇武猛鸷成不如晦之为用。

至若万马奔腾、千军围攻，我困孤城，勇既不敌，力不相侔，唯谋唯晦，可以全功。

晦者忌名也，以名近明，有亢上有悔之虞。

负君子之重名，偶行小人之事，斯亦谋晦之道也。

己所不欲，拂逆则伤人之情，不若引人入晦，同晦则同欲，无逆意之患矣。

人欲不厌，拒之则害生，从之则损己，姑且损己从人，继而尽攘为己有。

居众所必争之地，谋晦以全身，谋晦以建功，此又谋晦之大者也。

诈晦卷五

诈虽恶名，亦属奇谋。

孙子曰："兵不厌诈。"施之于常时，人亦难防。

运诈得理，可以成晦焉。

直道长而难行，歧路多而忧亡羊，妙心辨识，曲径方可通幽。

诈以求生，晦以图存。非不由直道，直道难行也。

操以诈而兴，莽以诈得名。诈之为术亦大矣，虽贤人有所不免。

厌诈而行实，固君子之本色；昧诈而堕谋，亦取讥于当世。

是以君子不喜诈谋，亦不可不识诈之为谋。

人皆喜功而诿过，我则揽过而推功，此亦诈也，卒得功而无过。

君臣之间，夫妇之际，尽心焉常有不欢，小诈焉愈更亲密，此理甚微，识之者鲜。

诈以非易为也，术不精则败，反受其害，心不忍不成，徒成笑柄。

避晦卷六

《易》曰："趋吉避凶。"

夫祸患之来，如洪水猛兽，走而避之则吉，逆而迎之则亡。

是故兵法三十六，走为最上策。

避非只走也，其道多焉。最善者莫过于晦也。扰敌、惑敌，使敌失觉，我无患焉。

察敌之情，谋我之势，中敌所不欲，则彼无所措手矣。

居上位者常疑下位者不忠，人之情不欲居人下也，遭上疑则危，释之之道尽忠而已。

如若避无可避，则束身归命，轻则伤身，不可不深究其理也。

古来避害者往往避世，苟能割舍嗜欲，方外亦别有乐天也。

避之道在坚，避须避全，勿因小缓而喜，勿因小利而动，当执定深、远、坚三字。

心晦卷七

心生万物，万物唯心。时世方艰，心焉如晦。

鼎革之余，天下荒残，如人患羸疾，不堪繁剧，以晦徐徐调养方可。

至若天下扰攘，局促一隅，举事则力不足，自保则尚有余，以晦为心，静观时变，坐胜之道也。

夫士莫不以出处为重，详审而后决。出难处易，以处之心居出之地，可变难为易。

廊庙枢机，自古为四战之地，跻身难，存身尤难。

唯不以富贵为心者，得长居焉。

古人云：“我不忧富贵，而忧富贵逼我。”人非恶富贵也，惧富贵之不义也。

兴利不如除弊，多事不如少事，少事不如无事。无事者近乎天道矣。

用晦卷八

制器画谋，资之为用也，苟无用，虽器精谋善何益也。

沉晦已久，人不我识，虽知己者莫辩其本心。

用晦在时，时如驹逝，稍纵即逝之矣。

欲择时当察其几先，先机而动，先发制人，始可见晦之功。

唯夫几不易察，幽微常忽，待其壮大可识，机已逝于九天，杳不可寻矣。

是故用晦在乎择时，择时在乎识几，识几而待，择机而动，其唯智者乎？

荣枯鉴　冯道

圆通卷一

善恶有名，智者不拘也。天理有常，明者不弃也。道之靡通，易者无虞也。

惜名者伤其名，惜身者全其身。名利无咎，逐之非罪，过乃人也。

君子非贵，小人非贱，贵贱莫以名世。君子无得，小人无失，得失无由心也。名者皆虚，利者惑人，人所难拒哉。

荣或为君子，枯必为小人。名可易，事难易也，心可易命难易也，人不患君子，何患小人焉？

闻达卷二

仕不计善恶，迁无论奸小。悦上者荣，悦下者蹇。君子悦下，上不惑名。小人悦上，下不惩恶。下以直为美，上以媚为忠。直而无媚，上疑也；媚而无直，下弃也。上疑祸本，下弃毁誉，荣者皆有小人之谓，盖固本而舍末也。富贵有常，其道乃实。福祸非命，其道乃察。实不为虚名所羁，察不以奸行为耻。无羁无耻，荣之义也。

求名者莫仕，位非名也。求官者莫名，德非荣也。君子言义，小人攻心，其道不同，其效自异哉。

解厄卷三

无忧则患烈也。忧国者失身，忧己者安命。祸之人拒，然亦人纳；祸之人怨，然亦人遇。君子非恶，患事无休；小人不贤，余庆弗绝。

上不离心，非小人难为；下不结怨，非君子勿论。祸于上，无辩自罪者全。祸于下，争而罪人者免。

君子不党，其祸无援也。小人利交，其利人助也。道义失之无惩，祸无解处必困，君子莫能改之，小人或可谅矣。

交结卷四

智不拒贤，明不远恶，善恶咸用也。顺则为友，逆则为敌，敌友常易也。

贵以识人者贵，贱以养奸者贱。贵不自贵，贱不自贱，贵贱易焉。贵不贱人，贱不贵人，贵贱久焉。

人冀人愚而自明，示人以愚，其谋乃大。人忌人明而自愚，智无潜藏，其害无止。明不接愚，愚者勿长其明。智不结怨，仇者无惧其智。

君子仁交，唯忧仁不尽善。小人阴结，唯患阴不制的。君子弗胜小人，殆于此也。

节仪卷五

外君子而内小人者，真小人也。外小人而内君子者，真君子也。德高者不矜，义重者轻害。

人慕君子，行则小人，君子难为也。人怨小人，实则忘义，小人无羁也。难为获寡，无羁利丰，是以人皆小人也。

位高节低，人贱义薄。君子不堪辱其志，小人不堪坏其身。君子避于乱也，小人达于朝堂。

节不抵金，人困难为君子。义不抵命，势危难拒小人。不畏人言，唯计利害，此非节义之道，然生之道焉。

明鉴卷六

福不察非福，祸不预必祸。福祸先知，事尽济耳。

施小信而大诈逞，窥小处而大谋定。事不可绝，言不能尽，至亲亦戒也。佯惧实忍，外恭内忌，奸人亦惑也。知戒近福，惑人远祸，俟变则存矣。

私人唯用，其利致远。天恩难测，唯财可恃。以奸治奸，奸灭自安。伏恶勿善，其患不生。

计非全者莫施，人非智者弗谋，愚者当戒哉。

谤言卷七

人微不诤，才庸不荐。攻其人忌，人难容也。陷其窘地人自污，谤之易也。善其仇者人莫识，谤之奇也。究其末事人未察，谤之实也。设其恶言人弗辩，谤之成也。

谤而不辩，其事自明，人恶稍减也。谤而强辩，其事反浊，人怨益增也。

失之上者，下必毁之；失之下者，上必疑之。

示伪卷八

无伪则无真也。真不忌伪，伪不代真，忌其莫辩。

伪不足自祸，真无忌人恶。顺其上者，伪非过焉。逆其上者，真亦罪焉。求忌直也，曲之乃得。拒忌明也，婉之无失。

忠主仁也，君子仁不弃旧。仁主行也，小人行弗怀恩。君子困不惑人，小人达则背主，伪之故，非困达也。

俗礼，不拘者非伪；事恶，守诺者非信。物异而情易矣。

降心卷九

以智治人，智穷人背也。伏人慑心，其志无改矣。

上宠者弗明贵，上怨者休暗结。术不显则功成，谋暗用则致胜。君子制于亲，亲为质自从也。小人畏于烈，奸恒施自败也。

理不直言，谏非善辩，无嫌乃及焉。情非彰示，事不昭显，顺变乃就焉。

仁堪诛君子，义不灭小人，仁义戒滥也。恩莫弃贤者，威亦施奸恶，恩威戒偏也。

揣知卷十

善察者知人，善思者知心。知人不惧，知心堪御。

知不示人，示人者祸也。密而测之，人忌处解矣。君子惑于微，不惑于大。小人虑于近，不虑于远。

设疑而惑，真伪可鉴焉。结左右以观情，无不知也。置险难以绝念，无不破哉。